Essentials liefern aktuelles Wissen in konzentrierter Form. Die Essenz dessen, worauf es als „State-of-the-Art" in der gegenwärtigen Fachdiskussion oder in der Praxis ankommt. Essentials informieren schnell, unkompliziert und verständlich.

- als Einführung in ein aktuelles Thema aus Ihrem Fachgebiet
- als Einstieg in ein für Sie noch unbekanntes Themenfeld
- als Einblick, um zum Thema mitreden zu können.

Die Bücher in elektronischer und gedruckter Form bringen das Expertenwissen von Springer-Fachautoren kompakt zur Darstellung. Sie sind besonders für die Nutzung als eBook auf Tablet-PCs, eBook-Readern und Smartphones geeignet.

Essentials: Wissensbausteine aus Wirtschaft und Gesellschaft, Medizin, Psychologie und Gesundheitsberufen, Technik und Naturwissenschaften. Von renommierten Autoren der Verlagsmarken Springer Gabler, Springer VS, Springer Medizin, Springer Spektrum, Springer Vieweg und Springer Psychologie.

Das globale Netz

Volkmar Brückner

Wirkungsweise und Grenzen der Datenübertragung im globalen Netz

Prof. Dr. Volkmar Brückner
Werl
Deutschland

ISSN 2197-6708 ISSN 2197-6716 (electronic)
essentials
ISBN 978-3-658-09594-9 ISBN 978-3-658-09595-6 (eBook)
DOI 10.1007/978-3-658-09595-6

Die Deutsche Nationalbibliothek verzeichnet diese Publikation in der Deutschen Nationalbibliografie; detaillierte bibliografische Daten sind im Internet über http://dnb.d-nb.de abrufbar.

Springer Vieweg

Gedruckt auf säurefreiem und chlorfrei gebleichtem Papier

Springer Fachmedien Wiesbaden ist Teil der Fachverlagsgruppe Springer Science+Business Media
(www.springer.com)

Kommunikation heute 1

Eine Investition in Wissen bringt noch immer die besten Zinsen.
Benjamin Franklin, nordamerikanischer Verleger und Staatsmann

Adieu, Romantik! Liebesbriefe auf rosa Papier und mit einem Hauch der Lippen sterben aus! Eckermanns Briefe über Goethe werden sich nicht wiederholen. Der Postbote bringt bald nur noch Werbung. Das persönliche Gespräch untereinander wird auch immer seltener, man spricht über ein Smartphone oder man skyped!

Willkommen, neue digitale Welt! Wer heute nicht „e-mailed", „smst", „skyped", „twittert" oder wenigstens – auch schon aussterbend – „faxt" ist nicht mehr „in". Das führt zu Kuriositäten (versehentlich kommen statt der 5 geplanten etwa 500 Facebook-„Freunde" zur Geburtstagsfeier), sie bringt aber auch wichtige Fortschritte: An Neukonstruktionen z. B. von Autos können computerunterstützt weltweit Teams zeitversetzt arbeiten, die digitale Welt kann Leben retten (zur schwierigen Herz-OP am Vormittag in Deutschland kann *der* Spezialist aus den USA per Life-Internetschaltung zugeschaltet werden – dort ist allerdings noch tiefe Nacht); sie kann Bildung erleichtern (Lehrveranstaltungsvideos on Demand usw).

Anfang der 90-er Jahre war jeder stolz auf einen Videorekorder mit Magnetbandspeicherung analoger Daten. 1999 wurden noch 39,8 Mio. VHS-Kassetten verkauft. Vor genau 20 Jahren kamen die ersten DVD auf den Markt – das Zeitalter der digitalen Speicherung begann. 2009 wurden 106,6 Mio. DVD-Scheiben verkauft. Ab 2008 begann die Zeit der Blue-Ray Discs, 2013 wurden immerhin schon 29,3 Mio. Blue-Rays verkauft [1]. Auch diese Zeit wird bald vorüber sein – wahr-

© Springer Fachmedien Wiesbaden 2015
V. Brückner, *Das globale Netz*, essentials, DOI 10.1007/978-3-658-09595-6_1

scheinlich „verschwinden" die Daten dann in Wolken (englisch: clouds). Und was ist über den Wolken?

Vor zehn Jahren wären wir überwältigt gewesen von einem Handy, das leistungsfähiger ist als damals ein durchschnittlicher PC. Aber in noch einmal zehn Jahren wird das iPhone und andere jetzt aktuelle Smartphones mit Servicediensten wie z. B. SMS, MMS und Apps bereits überholt sein. Das ist der Trend der Zukunft.

Diese eher sozialen Aspekte sollen jedoch nicht Gegenstand dieses Buches sein, sondern die technische Frage: Wie kommen Stimme, Bild, Bewegung und Daten von einem Punkt A wie Aachen zu einem Punkt B wie Buenos Aires? Dazu benötigt man das globale, weltumspannende Netz (Abb. 1.1), bestehend aus Kupferdrähten in Häusern, Glasfasern im Boden und auf dem Meeresgrund sowie Funkwellen durch die Luft. In diesem Büchlein sollen die wesentlichen Bestandteile und die Wirkungsweise des globalen Netzes erläutert und ein Verständnis für Probleme und Grenzen entwickelt werden. Wer ist „schuld", wenn das Internet „einfach weg" ist oder „kein Netz da" ist oder wenn man beim „Aufbau der Datenverbin-

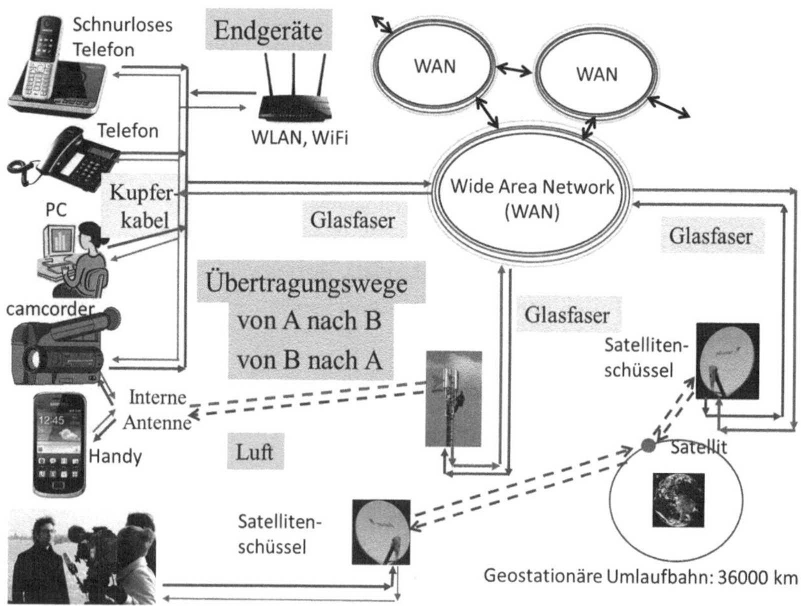

Abb. 1.1 Der Weg ins Netz

dung" den Blümchen beim Wachsen zusehen kann – trotz gegenteiliger Werbung seitens der Anbieter?

Dabei können die sogenannten „Endgeräte" (die natürlich auch am Anfang einer Übertragungsstrecke stehen können) sehr verschieden sein (Abb. 1.1): Das klassische Telefon mit Schnur (identisch natürlich mit der altbekannten und aussterbenden Telefonzelle – nur dass Vandale dort sehr oft den Hörer abschneiden), ein Schnurlostelefon, ein WLAN-Router, ein Computer, ein Faxgerät, ein Mobiltelefon oder ein Satellitentelefon. Die Signale dieser Endgeräte gehen über die seit 150 Jahren bekannten Kupferleitungen (im Haus und an den meisten Geräten immer vorhanden), ab dem Hausanschluss fast immer über Kupferdraht (heute in Deutschland als sogenannte „letzte Meile" – und auch die ist nicht mehr 1609 Meter lang, sondern wird aus technischen Gründen immer kürzer), danach über Glasfasern (davon sind weltweit viele Millionen Kilometer verlegt) oder in stark wachsendem Maße als Funkwellen durch die Luft (mobile Kommunikation). Damit gehen alle Signale vom Endgerät A bzw. von mehreren Endgeräten, die in einem lokalen Netz (Local-Area-Network, LAN) verbunden sind, in ein Glasfasernetz, das Weitverkehrsnetz (Wide-Area-Network, WAN). Kombiniert man mehrere WANs spinnenförmig (Abb. 1.1), erhält man ein globales Netz (Global-Area-Network, GAN). Zum GAN gehören selbstverständlich nicht nur das Festnetz (Kupferadern oder Glasfasern), sondern auch das mobile Netz (Funkverbindung) und das Satellitennetz (über geostationäre Satelliten). Aus dem Netz gibt es natürlich auch den Weg zurück zu den Endgeräten. Dieses globale Netz ist über der ganzen Erde verteilt. Besonders spektakulär sind dabei immer wieder die Unterwasser-Glasfaser-Kabel, z. B. das *Trans-A*tlantische *T*elefonkabel TAT-14 als Ring zwischen Europa und den USA. Die bisher längste zusammenhängende Strecke ist die Seekabeltrasse South-East Asia – Middle East – Western Europe 3 (SEA-ME-WE 3) die seit 1999 über 39 Landepunkte (Orte) in 33 Ländern auf 4 Kontinenten (Australien, Asien, Afrika und Europa) verbindet. Natürlich gibt es auch ein nationales Festnetz, das spinnengleich die Verbindungen innerhalb eines Landes realisiert. Wichtig ist dabei, dass es für jeden Übertragungsweg Alternativen gibt – im Falle einer Störung werden die Signale automatisch über einen alternativen Weg geleitet. Wenn nötig geht eine Übertragung von Berlin nach Leipzig über Paris – der Kunde merkt davon nichts!

Die digitale Welt

2

> *Wie die Welt von morgen aussehen wird, hängt in großem*
> *Maß von der Einbildungskraft jener ab, die gerade jetzt*
> *lesen lernen.*
> *Astrid Lindgren, Kinderbuchautorin*

Bis Ende des 20. Jahrhunderts dominierte die sogenannte analoge (kontinuierliche) Datenübertragung. Unser 21. Jahrhundert wird oft als digitales Zeitalter bezeichnet. Kernbegriff ist dabei das *Bit*. Bit ist ein zusammengesetztes Kunstwort aus *Bi*nary (zweiwertig) und Dig*it* (Ziffer). Das Bit besteht also aus zweiwertigen Ziffern – aus Eins oder Null, Ja oder Nein, An oder Aus. Das Bit als digitales Signal kann sowohl aus Stromstößen (elektrisches Bit für die Übertragung in Kupferdrähten) als auch aus Lichtblitzen (optisches Bit für die Übertragung in Lichtwellenleitern, also Glasfasern) bestehen. Der Siegeszug der digitalen Darstellung ist nicht mehr aufzuhalten. Der entscheidende Vorteil liegt dabei bei den digitalen Speichermöglichkeiten: Festplatte, DVD, USB-Stick, SD-Karte usw. Einer Abschätzung von Hilbert und López aus dem Jahr 2011 zufolge waren 2007 bereits 94 % der weltweiten technologischen Informationskapazität digital (nach lediglich 3 % im Jahr 1993) [2]. Es wird angenommen, dass es der Menschheit im Jahr 2002 zum ersten Mal möglich war, mehr Information digital als analog zu speichern – das war wohl der Beginn des „Digitalen Zeitalters".

Was haben Festnetztelefon, Handy und Smartphone gemeinsam? Sie haben ein Mikrophon zur Umwandlung von Sprache, Tönen oder Musik in ein elektrisches

© Springer Fachmedien Wiesbaden 2015
V. Brückner, *Das globale Netz*, essentials, DOI 10.1007/978-3-658-09595-6_2

Signal und einen kleinen Lautsprecher zur Umwandlung elektrischer Signale in Sprache, Töne oder Musik.

Wie wird aus dem *kontinuierlichen*, analogen (meist elektrischen) Signal ein *diskontinuierliches*, digitales (elektrisches oder optisches) Signal – wie werden aus Schwingungen die sogenannten Bits? Hier soll das Problem anschaulich betrachtet werden – technische Einzelheiten findet man zum Beispiel in [3].

2.1 Digitalisierung von Tönen und Musik

Betrachten wir die Digitalisierung von Tönen und Musik, also von Schwingungen verschiedener Art.

Alle Töne oder Bilder werden durch sinusförmige *elektrische* Schwingungen dargestellt. Zum Beispiel wandelt ein Mikrofon Töne in Sinusschwingungen um. Man erhält also eine sich mit der Zeit t ändernde Amplitude A. Als Beispiel sind in Abb. 2.1a drei Töne jeweils als Sinusschwingungen mit einer bestimmten Frequenz zu sehen (gemessen in Schwingungen pro Sekunde oder Hertz (Hz)): Die Töne C (Frequenz: 262 Hz, rot markiert), E (Frequenz: 330 Hz, grün markiert) und G (Frequenz: 392 Hz, blau markiert). Zusammen bilden sie eine Harmonie C + E + G (Abb. 2.1b). So harmonisch der Name klingt, die Überlagerung ist keine einfache Sinusschwingung mehr! Jedoch findet man nach einer gewissen Zeit ein

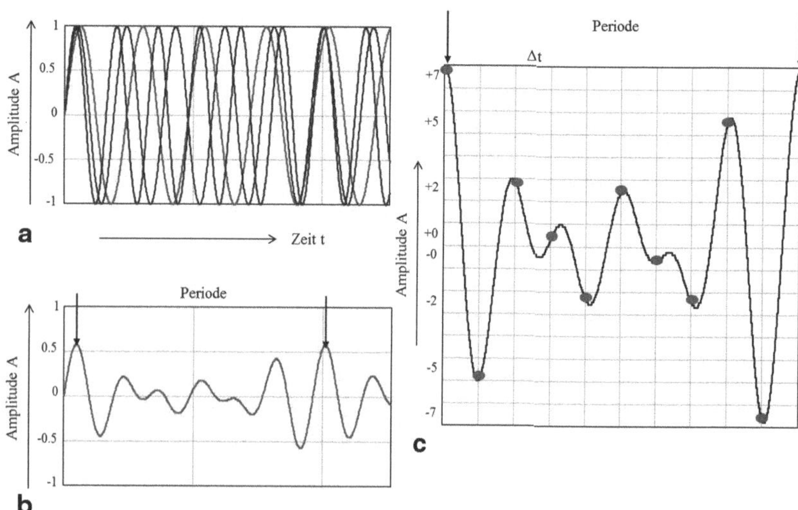

Abb. 2.1 Harmonische Schwingungen (**a**), Überlagerung (**b**) und einzelne Periode (**c**)

sich wiederholendes Aussehen, diese Zeit nennt man die Periode der Schwingung. Eine einzelne Periode ist in Abb. 2.1c dargestellt. Eine analoge Technik muss nun diese Schwingung über eine lange Strecke möglichst verlustarm und ohne Verfälschungen übertragen. Genau dort liegen jedoch die Schwierigkeiten und Grenzen der analogen Technik: Störungen (das sogenannte Rauschen) verfälschen die Schwingungen.

Die Periode der Schwingung wird dazu im zeitlichen Abstand Δt abgetastet (Punkte in Abb. 2.1c). Zum Beispiel werden bei dem meist benutzten Verfahren, der Pulse-Code-Modulation (PCM) die in Abb. 2.1 markierten Punkte mit Amplitudenbereichen zwischen $+7$ und -7 benutzt, wobei es auch die (sonst unüblichen) Bereiche $+0$ und -0 gibt. Jeder Punkt wird durch 4 Bits charakterisiert: Das erste Bit steht für das Vorzeichen ($+$ wird zu „1" und $-$ zu „0"), das zweite bis vierte Bit charakterisiert binär (also nur mit „1" oder „0") den Bereich zwischen 0 und 7. Zum Beispiel wird $+7$ zu 1111, -2 zu 0010, -0 zu 0000 oder $+0$ zu 1000.

Im Ergebnis erhält man zur Darstellung des Signals eine Aneinanderreihung der digitalen „Punkte" aus Abb. 2.1– eine Bitfolge (siehe Abb. 2.2).

Bei einer Rekonstruktion des Signals (z. B. am Ende der Übertragungsstrecke) erhält man „nur" diese 10 Punkte. Eine digitale Darstellung der analogen Schwingungsperiode mit 10 Punkten im Abstand Δt (Abb. 2.1c) ist natürlich sehr grob. Besser wäre es, statt zehn 100 oder noch besser 1000 Abtastpunkte pro Periode zu nehmen – die Zahl der zu übertragenden Bits würde dann allerdings auch von 40 auf 400 bzw. 4000 anwachsen. Außerdem ist die 4-Bit-Unterteilung (Vorzeichen plus 3 Bit für Werte zwischen 0 und 7, also 16 „Stufen") sehr grob, besser wäre z. B. die maximal übliche 24-Bit-Unterteilung ($2^{24} = 16{,}8$ Mio. „Stufen") – allerdings vergrößert sich die Zahl der Bits zur Charakterisierung *eines* Punktes von vier auf 24 Bit. Ein weiteres „Problem" ist die Dauer der Schwingungsperiode. Nimmt man für eine hochwertige Übertragung an, dass

- der Klang (Abb. 2.1b) sich alle hundertstel Sekunde ändert (Periodendauer 1/100 s),
- pro Periode 1000 Abtastpunkte übertragen werden sollen und
- jeder Punkt durch 24 Bit charakterisiert wird,

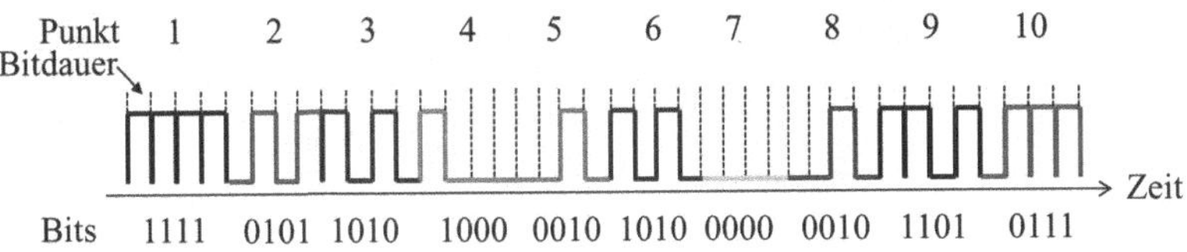

Abb. 2.2 Digitale Bitfolge entsprechend Abb. 2.1

so müsste man 24Bit·1000Punkte/(1/100s)=2,4 Mio. Bit pro Sekunde=2,4 Megabit/s=2,4 Mbps (englisch: *Megabit per second*) übertragen. Aus Abb. 2.1c wird jedoch auf alle Fälle klar, dass mit der Digitalisierung grundsätzlich ein *Qualitätsverlust* verbunden ist, weil die Auflösung (der Abstand zweier Punkte in Abb. 2.1c) sehr klein werden kann, aber „endlich" bleibt. Ein digitalisiertes Signal kann jedoch in vielen Fällen so genau sein, dass es für einen Großteil der möglichen (auch zukünftigen) Anwendungsfälle ausreichend ist.

2.2   Digitalisierung von Bildern und Videos

Aufnahmen von Bildern und Filmen erfolgten über lange Zeit analog. Bei der analogen Bildübertragung (z. B. über Fernsehsender) gibt es Störungen, die das Bild stark beeinflussen: Beim Durchzug eines Regengebietes liefert die (analoge) Antenne auf dem Dach den berühmten „Gries" statt der Fußballübertragung.

Abb. 2.3 Rasterprinzip beim HD-TV

Für ein digitalisiertes Bild „zerlegt" man das Bild (oder beim Video *jedes* Bild) in Bildpunkte, die sogenannten Pixel. Für *jeden* Pixel muss man nun rasterförmig die genaue Position im Bild und dessen Farbe darstellen.

Betrachten wir ein Beispiel. Ein *einzelnes Bild* beim hochauflösenden Fernsehen (englisch: High Definition Television, HD-TV) enthält bei der sogenannten 16:9-Darstellung 1920 Spalten und 1088 Zeilen, insgesamt $(1920 \times 1088 = 2088960)$ mehr als 2 Mio. Pixel pro Bild! Das neue Super-HD-TV hat sogar doppelt so viele Spalten (3840) und Zeilen (2160), also viermal mehr Pixel! Jedoch ist die Übertragung *noch* problematisch. Das Rasterprinzip beim HD-TV ist in Abb. 2.3 cdargestellt.

Rasterförmig überdecken Zeilen von 0 bis 1087 und Spalten von 0 bis 1919 das Bild. Durch Spalten(S)- und Zeilen(Z)-Nummer (S, Z) ist die Position gegeben. Zum Beispiel bedeutet $(0,0)$ ein Pixel ganz links oben auf dem Bildschirm, $(1919,1087)$ ganz rechts unten. Für die rund 2 Mio. Pixel muss man noch die Farbe bestimmen. Aus den 3 Grundfarben *R*ot (Wellenlänge oberhalb 650 nm), *G*rün (Wellenlänge 546 nm) und *B*lau (Wellenlänge 436 nm), dem sogenannten RGB-Signal, kann man durch Mischung von RGB mit verschiedenen Intensitäten eine gewaltige Anzahl verschiedener Farben erzeugen. Für die digitale Darstellung der Farbe des Pixels benutzt man meistens die „True Color"-Darstellung: Die Intensität jeder Farbe wird durch 8 Bit dargestellt (3 Farbkanäle), es gibt also $2^8 = 256$ Abstufungen *pro Farbe*. Für alle 3 Grundfarben zusammen hat man damit $256^3 = 16777216$ Kombinationsmöglichkeiten. Fügt man die Farbinformation hinzu, so ergibt sich, dass pro Bild maximal $2{,}1 \text{ MB} \times 32 = 67 \text{ MB}$ zu übertragen sind. Durch Datenkompression sind um den Faktor 10–100 weniger Daten zu übertragen – trotzdem müssen mindestens stolze 700 Kilobit (kB) pro Bild übertragen werden!!! Ein ähnliches Bild ergibt sich für *ein* Bild auf dem Computermonitor mit einer Standardauflösung von $1280 \times 720 = 921600$ Pixel. Mit Datenkompression müsste man rund 0,3–3 MB pro Bild übertragen. Für *ein* mit dem Smartphone oder dem Handy „geschossenes" Foto mit einer Auflösung von etwa 270 Spalten und 180 Zeilen enthält man etwa 800 kB. Sieht man sich das Foto nach dem Versand als MMS oder über WhatsApp an, so hat es durch Datenkomprimierung „nur" etwa 40 kB. Man sieht diese Komprimierung aber sofort, wenn man das Bild vergrößert – die Pixel treten sichtbar hervor. Ein Foto fürs Familienalbum kann man daraus nicht mehr machen.

Damit wird die Dimension der Aufgabenstellung klar: Man muss gewaltige Datenpakete übertragen: Für *ein* HD-TV-Bild etwa 700 kB, für *ein* Bild auf dem Computermonitor etwa 300 kB bzw. für *ein* Handybild etwa 40 kB. Und nicht zu vergessen – es gibt *gleichzeitig* eine Riesenzahl von Datenpaketen, die darauf warten, im globalen Netz übertragen zu werden.

3

Wir leben in einer Gesellschaft, die hochgradig von
Technologie abhängig ist, in der aber kaum jemand etwas
von Technologie versteht.
Carl Sagan, US-amerikanischer Astrophysiker

Für die Übertragung des digitalen Signals *und* für die Übertragungsgeschwindigkeit ist es enorm wichtig, wie groß die Bitdauer (oder korrekt: die zeitliche Dauer Δt eines Bits in Abb. 2.2) ist. Praktische kann die Bitlänge zwischen 25 Pikosekunden (25 ps) und etwa 100 Nanosekunden (100 ns) variieren. Wir kommen darauf später unter dem Begriff Bitrate (Abschn. 3.2) zurück. Im Folgenden wollen wir uns zunächst mit dem „Aussehen" einzelner Bits befassen.

3.1 Ideales und reales Bit

Üblicherweise stellt man sich ein ideales Bit als rechteckigen Impuls mit der Impulslänge τ vor (siehe auch Abb. 2.2). Solch ein ideales Bit hat jedoch 4 „Schwachstellen" – die 4 Ecken (Markierungen in Abb. 3.1a)!

Die Physik kennt keine Ecken oder Kanten – also werden die Kanten während der Übertragung schon nach relativ kurzer Übertragungsstrecke (weniger als 1 km in Kupferadern oder Glasfasern) „abgerundet". Diese Abrundung verläuft jedoch sehr unterschiedlich: Während ein langer Impuls (z. B. $\tau = 10$ ns) immer noch einem Rechteck sehr ähnlich sieht (grau hinterlegt in Abb. 3.1b), sieht ein

© Springer Fachmedien Wiesbaden 2015

V. Brückner, *Das globale Netz*, essentials, DOI 10.1007/978-3-658-09595-6_3

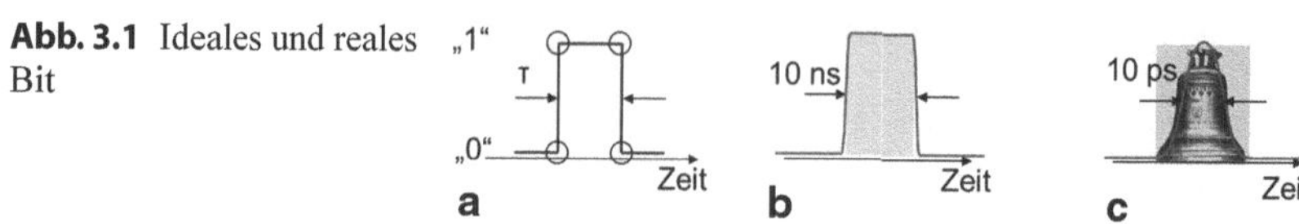

Abb. 3.1 Ideales und reales Bit

sehr kurzer Impuls (z. B. $\tau = 10$ ps) glocken- oder Gaußförmig (benannt nach dem „Entdecker" dieser Funktion Carl Friedrich Gauß[1]) aus (hinterlegt in Abb. 3.1c).

3.2   Bits und Bytes, Bitrate

Neben den *Bit*s hört man heute auch sehr oft den Begriff *Byte*. Das Wort Byte ist künstlich und stammt aus dem englischen *bite* (zu Deutsch: Bissen) ab. Es wurde erstmals 1956 von Werner Buchholz verwendet, um eine Speichermenge oder Datenmenge zu kennzeichnen, die ausreicht, um *ein* Zeichen darzustellen. Im Original waren das 6 Bit, damit konnte man $2^6 = 64$ verschiedene Zeichen darstellen. Heute benutzt man meistens 8 Bit, damit kann man $2^8 = 256$ verschiedene Zeichen oder Zahlen darstellen. Die Schreibweise *Bite* wurde zu *Byte* geändert, um versehentliche Verwechslungen mit *Bit* zu vermeiden. Auch zur Beschreibung von Farben verwendet man Bytes (z. B. True Color, siehe Abschn. 2.2).

Kommen wir zurück zu den Bits. Da viele Bits zu übertragen sind, ist ihre Kodierung und ihr Abstand wichtig. Für die Kodierung gibt es zwei Möglichkeiten:

- Nicht-Rückkehr-zu-Null-Kode (englisch: Non-Return-to-Zero, NRZ): Der logische Pegel (1 oder 0) ist während der gesamten Bitdauer Δt größer als Null (ähnlich wie in Abb. 2.2). Bitlänge τ und Bitdauer Δt sind gleich.
- Rückkehr-zu-Null-Kode (englisch: Return-to-Zero, RZ): Während der Bitdauer Δt fällt der logische Pegel „1" auf den Wert „0" (siehe Abb. 3.2). Damit ist die Bitlänge τ kleiner als die Bitdauer Δt. Das Verhältnis zwischen Δt und τ ist frei wählbar.

Da *jedes* Bit verschiedene Daten beinhaltet (entweder 0 oder 1), muss zwischen benachbarten Bits ein Bitabstand von mindestens der Bitdauer Δt liegen. Daraus ergibt sich der Begriff der *Bitrate* als Zahl der Bits pro Zeiteinheit, die Maßeinheit ist 1/s oder bps (Bit pro Sekunde, englisch: bit per second). Im Fall der „langen" Impulse ($\tau = 10$ Nanosekunden (ns) in Abb. 3.2a) ist $\Delta t \approx 20$ ns. Daraus ergibt sich

---

[1] Johann Carl Friedrich Gauß, deutscher Mathematiker und Astronom (1777–1855).

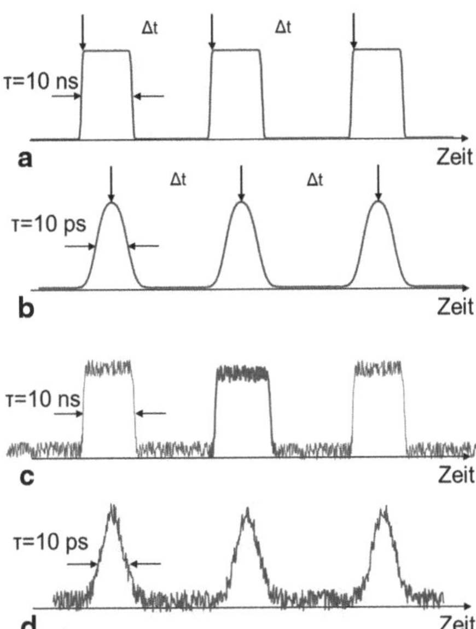

Abb. 3.2 Bitrate ohne (**a** und **b**) und mit Rauschen (**c** und **d**)

eine Bitrate von 1Bit/20 ns = $50 \cdot 10^6$ Bit pro Sekunde = 50 Megabit pro Sekunde = 50 Mbps. Die gleiche Betrachtung bezogen auf „kurze" Impulse mit $\tau = 10$ Pikosekunden (ps) und $\Delta t \approx 20$ ps in Abb. 3.2b ergibt 1Bit/20 ps = $50 \cdot 10^9$ Bit pro Sekunde = 50 Gigabit pro Sekunde = 50 Gbps.

Es ist nun die Aufgabe globaler Netze, diese Bits *verlustfrei* und *ohne Verzerrungen* bzw. *Verschmierungen* über lange Strecken zu übertragen. Eine unvermeidbare Erscheinung ist dabei das sogenannte *Rauschen*. Ein Beispiel für das Rauschen ist in Abb. 3.2 dargestellt – die „Erkennbarkeit" eines 1-Bit wird sowohl für den langen (Abb. 3.2c) als auch den kurzen (Abb. 3.2d) Impuls schlechter. Unter Umständen führt das, besonders für kurze Impulse, zu Problemen auf der Empfängerseite.

Für die Übertragung sollen im Folgenden die Bestandteile globaler Netze wie Kupferdrähte, Glasfasern und Luft als Übertragungsmedien hinsichtlich Verluste und Verschmierungen betrachtet werden.

Globale Netze 4

> *Das Internet ist das erste von Menschenhand erschaffene Ding, das der Mensch nicht versteht. Es ist das größte Experiment in Anarchie, das es jemals gab.*
> *Eric Schmidt, CEO von Google*

Wie aus Abb. 1.1 ersichtlich ist, dominieren heute weltweit die Glasfaserkabel für die Übertragung im Festnetz. Jedoch muss man beachten, dass bis heute die im 20. Jahrhundert für die Telefonie verlegten Kupferleitungen mit elektrischen Stromstößen existieren, die allerdings heute nach wenigen hundert Metern in Lichtblitze umgewandelt und in Glasfasern eingespeist werden. Ergänzt wird dieses Festnetz seit mehr als 20 Jahren durch ein mobiles Funknetz und ein Satellitennetz, welche allerdings mit dem Festnetz kombiniert sind, so dass selbst auf einem Übertragungsweg von Handy zu Handy Teile des Festnetzes durchlaufen werden. Somit ist die Betrachtung der Übertragung in Glasfasern, im Kupferkabel und durch die Luft gleichermaßen wichtig. Auf das Satellitennetz soll hier nicht näher eingegangen werden – physikalisch (Dämpfung und Dispersion in Luft bzw. in der Atmosphäre und im Vakuum des Weltalls) ähnelt es dem Mobilfunknetz.

© Springer Fachmedien Wiesbaden 2015
V. Brückner, *Das globale Netz*, essentials, DOI 10.1007/978-3-658-09595-6_4

4.1 Kupferleitung

Kupferleitungen spielen heute nur noch eine gewisse Rolle als Übertragungsleitung im Nahbereich (Hausanschluss mit Längen von maximal einigen hundert Metern) oder beim Kabelfernsehen. Zur Übertragung elektrischer Stromstöße mit Kupferkabeln benötigt man prinzipiell mindestens 2 Kupferadern. Anfangs waren diese 2 Kupferadern parallel in einem Kupferkabel (ähnlich wie im Stromversorgungskabel z. B. für eine Lampe). Für die Übertragung sehr hoher Bitraten erwies es sich jedoch als günstiger, das Adernpaar im Kabel zu verdrillen (Doppelader, engl.: Twisted-Pair-cable, siehe Abb. 4.1). In Kupferleitungen ist die Dämpfung *die* entscheidende Größe für die maximale Länge der Leitung. Die prinzipiell ebenfalls auftretende Verschmierung der Stromimpulse spielt auf Grund der heutzutage gebräuchlichen Kabellängen (einige hundert Meter) keine Rolle. Bei der Übertragung in der Kupferleitung verringert sich die Amplitude des Stromstoßes im Kupferdraht (sagen wir die Spannung) unter Beibehaltung der Impulsform. Diesen Prozess nennt man Dämpfung (Abb. 4.1a). Die Dämpfung kann man kompensieren durch Verstärkung – für elektrische Impulse kein Problem. Zeitgleich verändert sich aber auch die Impulsform: Aus dem Rechteckimpuls wird bald ein glockenförmiger Impuls (Abb. 4.1b), dieser wiederum wird „verschmiert" oder einfacher gesagt, er wird verlängert. Diese Impulsverlängerung nennt man Dispersion (Abb. 4.1b). Mit der Impulsverlängerung ist eine Verringerung der Amplitude verbunden – die Fläche unter dem Impuls (F_1 bzw. F_2 in Abb. 4.1b) bleibt jedoch gleich – also nicht zu verwechseln mit der Dämpfung!

Ingenieure benutzen für die Verringerung der Amplitude den Begriff Dämpfung (a). Er bezieht sich auf den dekadischen Logarithmus des Leistungsverhältnisses am Beginn der Übertragungsstrecke (P0) und am Ende (P1). Ein Leistungsabfall auf 50 % des Ausgangswertes entspricht also einer Dämpfung von 3 dB. Für elek-

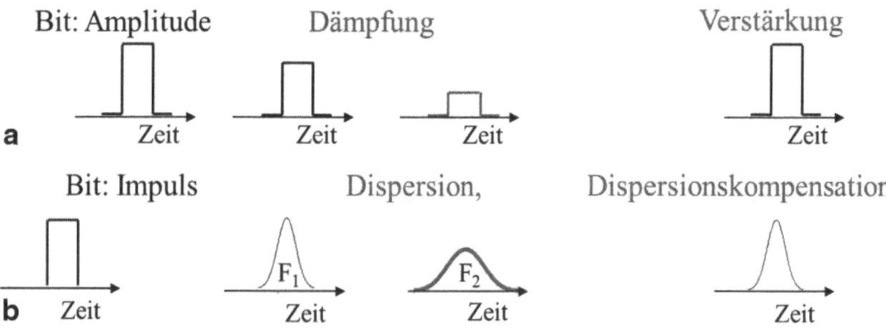

Abb. 4.1 Dämpfung (**a**) und Dispersion (**b**)

trische Schaltungen, also auch für die Übertragung von Stromstößen, benutzt man für die Dämpfung a den dekadischen Logarithmus des Verhältnisses der Spannungen am Beginn der Übertragungsstrecke (U0) und am Ende (U1). In elektrischen Schaltungen entspricht also ein Spannungsabfall auf 50 % des Ausgangswertes einer Dämpfung von 6 dB.

▶ Leistung P = Spannung U × Stromstärke I Maßeinheit: Watt (W) = Volt (V) x Ampere (A) = VA
Dämpfung a = − 10 log(P_1/P_0) Maßeinheit: Dezibel (dB)
Im elektrischen Schaltkreis:
Dämpfung a_{el} = − 20 log(U_1/U_0) Maßeinheit: Dezibel (dB)

Kupferadern dämpfen das Signal je nach Aderdurchmesser um einen bestimmten Wert pro km Leitungslänge (Maßeinheit: dB/km). Die Dämpfung hängt vom Durchmesser des Kupferdrahtes ab – bei kleinem Durchmesser ist die Dämpfung größer als bei größerem. Da wir ja Bits und Bitraten zu übertragen haben, hängt die Dämpfung auch von der Bitrate ab (in der Praxis benutzt man die Frequenz der Übertragung). Für ADSL-Schaltungen[1] bestimmt man die Dämpfung bei einer Frequenz von 300 kHz. Mit den Werten bei 300 kHz[2] erhält man man bei dünnen (meistens alten) Kupferleitungen (0,35 mm Durchmesser) nach 1 km nur noch 20 % der ursprünglichen Spannung – man benötigt also nach einer relativ kurzen Distanz einen (elektrischen) Verstärker. Deshalb ist in manchen Fällen die Übertragung hoher Bitraten (> 2 Mbps) und damit schnelles Internet in „alten" Kupferleitungen nicht möglich. Eine Betrachtung der Bitverschmierung (Dispersion) in Kupferleitungen erübrigt sich, da sie bei kurzen Leitungen (< 1 km) keine Rolle spielt.

4.2 Glasfasern

Glasfasern bestehen selbstverständlich aus Glas. Hauptbestandteil ist also das so genannte Quarzglas (bekannt auch als Sand). Chemisch gesehen handelt es sich um unregelmäßig angeordnetes (amorphes) Siliziumdioxid (SiO_2). Glasfasern werden allerdings nicht aus Sand hergestellt, sondern in einem komplizierten Verfahren.

---

[1] Asymmetric Digital Subscriber Line (ADSL, deutsch: *asymmetrischer digitaler Teilnehmer-Anschluss*).

[2] http://www.router-faq.de/index.php?id = daempfung.

Warum und unter welchen Bedingungen wird nun Licht in Glasfasern „geführt", wann entstehen *geführte Wellen*?

4.2.1 Aufbau von Glasfasern, Lichtführung in Glasfasern, Moden

Um die Führung des Lichtes in Glasfasern für die Datenübertragung zu verstehen, sehen wir uns den Aufbau von Glasfasern an. Ähnlich wie in einem Wasserleitungsrohr besteht die Glasfaser aus einem Kernbereich, der ummantelt ist (Abb. 4.2a). Der Durchmesser des Mantels ist für alle Glasfasertypen einheitlich (D = 125 µm). Diese sogenannten Nacktfasern werden bei der Herstellung zur mechanischen Stabilisierung zusätzlich beschichtet und mit einer schützenden Plastikumhüllung versehen – damit sind Glasfasern auf den ersten Blick kaum von Kupferdrähten zu unterscheiden.

Sowohl der Kern wie auch der Mantel bestehen aus Glas, allerdings ersetzt man einen Teil (maximal etwa 15 %) der SiO_2-Glasmoleküle durch ein anderes Material, z. B. Germaniumdioxid (GeO_2) oder Fluor (F). Diese sogenannte Dotierung verändert die Brechzahl n – durch Dotieren mit GeO_2 wird sie größer, mit F kleiner. Die Brechzahl ist wichtig, weil durch das Verhältnis der Brechzahlen die Lichtbrechung bestimmt wird. Berechnet werden kann die Lichtbrechung nach dem Snelliusschen Gesetz[3]: Trifft ein Lichtstrahl aus einem „optisch dünneren" Medium (niedrigere Brechzahl, in Abb. 4.2a Luft mit $n_L = 1$) unter einem Winkel α zur optischen Achse auf ein „optisch dickeres" Medium (höhere Brechzahl, in Abb. 4.2a auf den Kernbereich aus dotiertem Glas z. B. mit $n_K = 1{,}48$), so wird der Strahl gebrochen und breitet sich unter dem Winkel β zur optischen Achse aus. Das Snelliussche Gesetz lautet:

$$\frac{\sin \alpha}{\sin \beta} = \frac{n_K}{n_L} \qquad\qquad (4.1)$$

Trifft nun der Strahl nach seiner Ausbreitung im Kern auf ein optisch dünneres Medium (niedrigere Brechzahl, in Abb. 4.2a auf den Mantelbereich aus dotiertem Glas z. B. mit $n_M = 1{,}46$), so kann – entsprechend dem Snelliusschen Gesetz – ab einem bestimmten Winkel γ eine *Totalreflexion* auftreten und der Strahl bleibt im

---

[3] Willebrord van Roijen Snell, niederländischer Astronom und Mathematiker (1580–1626).

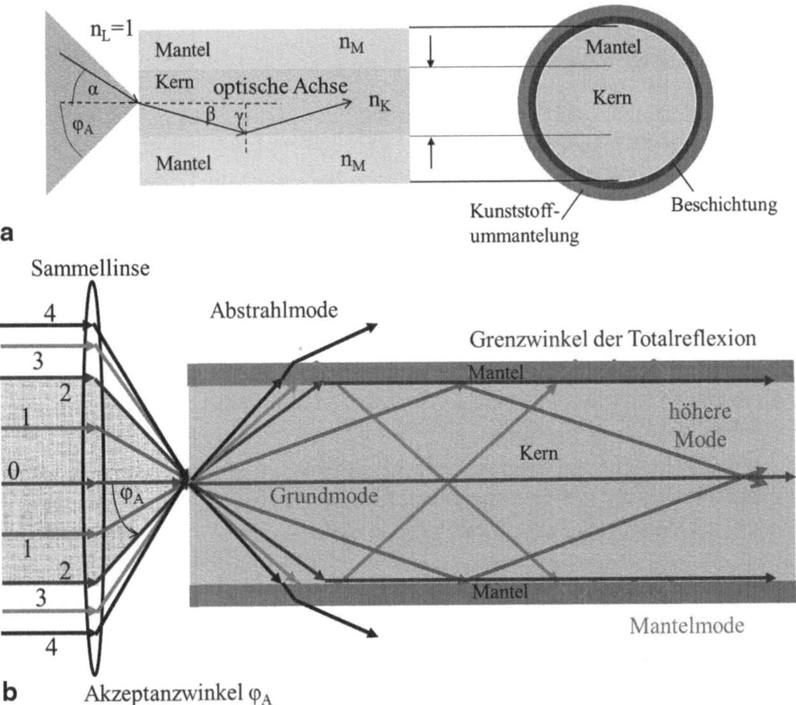

Abb. 4.2 Aufbau von Glasfasern, transversale Moden

Kernbereich (Abb. 4.2a). Diese Totalreflexion wiederholt sich am nächsten Übergang Kern-Mantel usw. Es entsteht ein Zick-Zack-förmiges Bild der Strahlausbreitung. Diese Zick-Zack-Ausbreitung passiert nur, wenn der Einfallswinkel α kleiner als der sogenannte *Akzeptanzwinkel* φ_A ist.

Aus den bisherigen Darlegungen folgt, dass für *jeden* Einfallswinkel $\alpha \leq \varphi_A$ ein Zick-Zack-Bild entsteht. Die Beschreibung mit Strahlen ist zwar recht anschaulich, aber leider *zu* vereinfacht. In Wirklichkeit hat man es bei Licht mit sinusförmigen elektromagnetischen Wellen extrem hoher *Frequenz* f bzw. extrem kleiner *Wellenlänge* λ zu tun, die sich mit Lichtgeschwindigkeit c = 300000 km/s ausbreitet. Frequenz und Wellenlänge sind über die Lichtgeschwindigkeit verbunden:

$$f \times \lambda = c \tag{4.2}$$

Für die Wellenlänge $\lambda = 1,5$ µm erhält man z. B. die Frequenz $f = 2 \cdot 10^{14}$ $1/s = 2 \cdot 10^{14}$ Hertz (Hz), benannt nach dem „Entdecker" elektromagnetischer Wellen, Heinrich Hertz[4].

Die Betrachtung von Licht als Welle führt zur Möglichkeit der Überlagerung (*Interferenz*), die Interferenz kann *konstruktiv* (verstärkend) oder *destruktiv* (auslöschend) sein. Diese Erscheinung führt dazu, dass nicht alle Einfallswinkel α zugelassen sind. Nur Einfallswinkel, für die eine *konstruktive Interferenz* stattfindet, sind in der Lage sich im Kern zick-zack-förmig auszubreiten. Diese speziellen Strahlen nennt man *Moden*. Da sie senkrecht (quer) zur Ausbreitungsrichtung des Lichtes auftreten, nennt man sie *transversale Moden* (in Deutsch: Quermoden).

Betrachten wir Abb. 4.2b. In jedem Fall ist eine Strahlausbreitung entlang der optischen Achse möglich – das ist die sogenannte *Grundmode* (Strahl 0 in Abb. 4.2b). Strahl 1 ist dann eine andere Mode (*höhere Mode*), für die Totalreflexion und konstruktive Interferenz gilt. Strahl 2 markiert den Einfallswinkel $\alpha = \varphi_A$, für den der Grenzwinkel der Totalreflexion erreicht ist. Wenn $\alpha > \varphi_A$ ist (Strahlen 3 und 4 in Abb. 4.2b), tritt keine Totalreflexion mehr auf und der Strahl wird in den Mantel hinein gebrochen. Je nach den konkreten Verhältnissen kann der Strahl im Mantel geführt werden (*Mantelmode*, Strahl 3 in Abb. 4.2b) oder den Mantel verlassen (*Abstrahlmode*, Strahl 4 in Abb. 4.2b). Wie viele Moden im Kern geführt werden, hängt von der Wellenlänge λ, von den Brechzahlen in Kern (n_K) und Mantel (n_M), aber vor allem vom *Kerndurchmesser* d ab.

4.2.2 Dämpfung der Bits

Zunächst wollen wir wissen, wie stark die Bits entsprechend Abb. 4.1a in Glasfasern gedämpft werden und wovon diese Dämpfung abhängt. In Abb. 4.3 ist die Abhängigkeit der Dämpfung pro Kilometer Glasfaserlänge (Maßeinheit: dB/km) von der Wellenlänge λ mit der Maßeinheit Nanometer (nm) dargestellt. Diese Abhängigkeit wird oft auch als *Dämpfungsverlauf* bezeichnet. Im Wesentlichen gibt es drei Mechanismen[4], die zu einer Dämpfung führen:

- Streuung des Lichtes an mikroskopisch kleinen Teilchen oder Unregelmäßigkeiten im Glasaufbau, die Rayleigh[5]-Streuung - sie wird mit wachsender Wellenlänge immer kleiner; für $\lambda \gg 1500$ nm ist sie praktisch ohne Bedeutung;

---

[4] Heinrich Rudolf Hertz, deutscher Physiker (1857–1894).
[5] John William Strutt, 3. Baron Rayleigh (1842–1919).

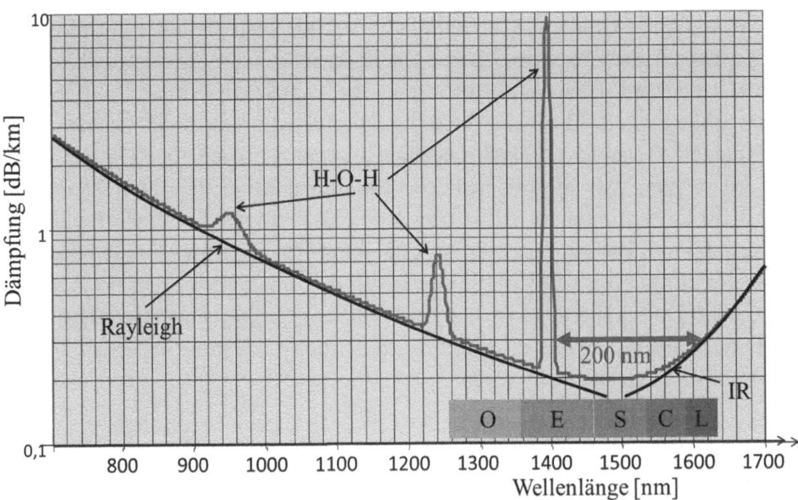

Abb. 4.3 Dämpfungsverlauf in Glasfasern

- Schwingungen des Quarz-Moleküls (O-Si-O), die für infrarotes Licht zu einer Dämpfung (IR-Absorption) führen, sie wird mit fallender Wellenlänge immer kleiner; für $\lambda \ll 1500$ nm ist sie praktisch ohne Bedeutung;
- resonante Absorption an Wassermolekülen (H-O-H) und damit Dämpfung bei *bestimmten* Wellenlängen (0,95 µm, 1,24 µm und 1,395 µm).

Diese 3 Mechanismen ergeben zusammen den Dämpfungsverlauf entsprechend Abb. 4.3.

Aus Abb. 4.3 kann man eine Reihe wesentlicher Schlussfolgerungen ziehen:

1. Es existieren lokale Minima bei etwa 900 nm, 1300 nm und 1500 nm. Diese werden auch als *optische Fenster* bezeichnet. Bis heute sind das zweite (um 1300 nm) und vor allem das dritte (um 1500 nm) optische Fenster wichtige Wellenlängenbereiche in der optischen Datenübertragung. Heutzutage hat man eine feinere Unterteilung in die sogenannten optischen Bänder:
O = ordinary band (originales Band, 1260–1360 nm)
E = extended band (erweitertes Band, 1360–1460 nm)
S = short band (kurzwelliges Band, 1460–1530 nm)
C = conventional band (konventionelles Band, 1530–1565 nm)
L = long band (langwelliges Band, 1565–1625 nm)

2. Die minimale kilometrische Dämpfung (0,2 dB/km) erreicht man im dritten optischen Fenster bzw. im C-Band. Damit ergab sich der „favorisierte" Arbeitsbereich der optischen Datenübertragung im 3. optischen Fenster. Da nach einer Dämpfung von 8–12 dB eine Verstärkung erfolgen sollte, erhält man den heute gängigen Abstand zwischen benachbarten Verstärkern von 40–60 km.

3. Fordert man, dass die kilometrische Dämpfung in der Glasfaser kleiner als 0,3 dB/km sein soll, so erhält man eine zur Verfügung stehende Bandbreite von 200 nm. Das sind umgerechnet 25 Terahertz (THz) Bandbreite oder etwa 25 Tera Bps (TBps). Das ist die Grenze für die Bitrate der *gegenwärtig verfügbaren* Glasfaserübertragung. Von dieser Grenze ist die heute verwendete Übertragungstechnik noch weit entfernt – die schon verlegten Glasfasern können also noch lange benutzt werden.

Man kann sich nun berechtigt fragen, was eigentlich Wasser in einer Glasfaser zu suchen hat? Nichts! Aber bei der Herstellung der Glasfasern seit den neunziger Jahren waren geringe Mengen von Wasser in der Luft und damit im Glas unvermeidlich. Seit etwa 15 Jahren gibt es jedoch kommerziell Glasfasern mit verringertem Wasseranteil (sogenannte Low Water Peak; LWP Lichtwellenleiter) oder ganz ohne Wasseranteil (Zero Water Peak; ZWP). Allerdings ist der zweifelsfrei vorhandene Vorteil einer um vieles höheren möglichen Bitrate noch nicht so überzeugend, dass man Millionen Kilometer verlegter Glasfasern herausreißt und durch LWP oder ZWP Glasfasern ersetzt – von den Kosten ganz zu schweigen. In neuerbauten Industriegebieten oder für gutbetuchte Nutzer kann sich eine solche Investition jedoch lohnen – sie ist absolut zukunftssicher!

Für die große Mehrheit der Nutzer sind die vorhandenen Glasfasernetze jedoch völlig ausreichend, zumal die Nutzung von den möglichen 25 TBps noch weit entfernt ist.

4.2.3 Verschmierung der Bits, Dispersion

Bisher sind wir davon ausgegangen, dass durch die Dämpfung zwar die Amplitude verringert wird, die Impulsform oder Bitform aber unverändert bleibt. Eine Formänderung erfolgt jedoch auf Grund der *Dispersion*, bei der es sich im Wesentlichen um eine Impulsverschmierung, praktisch gesagt um eine Impulsverlängerung entsprechend Abb. 4.1b handelt. Na ja, wird man sagen: Na und? Dann sind die Impulse eben länger! Die Auswirkungen sieht man, wenn man die Übertragungsgeschwindigkeit bzw. die Bitrate betrachtet.

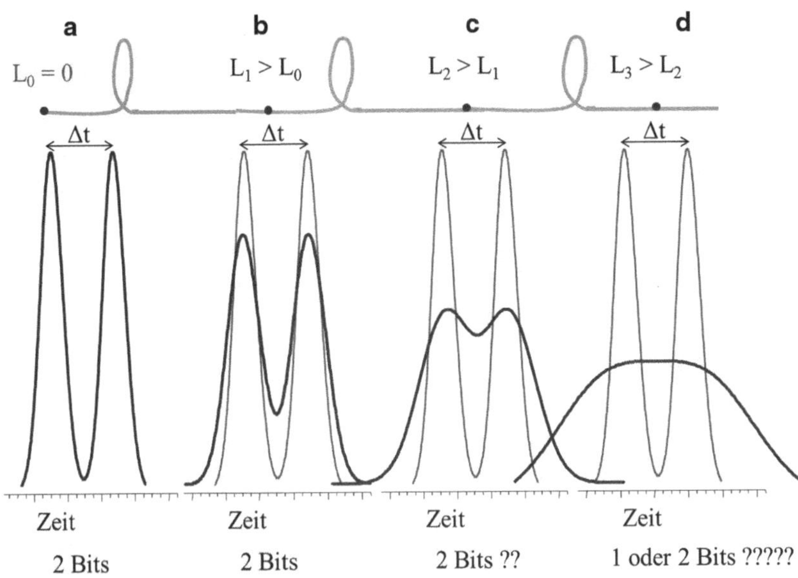

Abb. 4.4 Auswirkung der Dispersion

4.2.3.1 Auswirkungen der Dispersion

Nehmen wir an, eine Datenübertragung soll mit 10 Mbps laufen, also in einer Sekunde sollen 10 Mio. Bits übertragen werden – alle entweder als „1" oder als „0". Damit müssen Bits mit einem zeitlichen Abstand von $\Delta t = 1$ s/10000000 Bits $= 100$ Nanosekunden (100 ns) übertragen werden. Die Bits selbst müssen dann natürlich noch kürzer sein, sagen wir 20 ns. Betrachten wir am Anfang der Glasfaserleitung ($L_0 = 0$) zwei klar unterscheidbare Bits im Abstand Δt (Abb. 4.1a).

Nach Durchlauf der Glasfaserstrecke $L_1 > L_0$ erhält man 2 verbreiterte Impulse mit verringerter Amplitude (Abb. 4.4b) – aber sie sind noch klar unterscheidbar. Nach einer weiteren Glasfaserstrecke $L_2 > L_1$ erhält man noch mehr verbreiterte Impulse – man kann sie wohl gerade noch unterscheiden (Abb. 4.4c). Nach einer weiteren Glasfaserstrecke $L_3 > L_2$ ist die Verbreiterung der Bits so groß, dass sie nicht mehr unterscheidbar sind (Abb. 4.4d) – die Information, die in den *zwei* Bits steckt, ist verloren. Um diesen Informationsverlust zu vermeiden gibt es zwei Möglichkeiten:

- Man verringert die Bitrate, z. B. von 10 Mbps auf 1 Mbps – das ist aber nicht im Sinne des Anwenders.
- Man sucht nach Möglichkeiten der Dispersionskompensation. Dieser Weg wird heute bereits beschritten – man „schaltet" Spezialfasern dazwischen,

sogenannte dispersionskompensierende Fasern (engl.: Dispersion Compensating Fibers, DCF).

4.2.3.2 Modendispersion in Multimode-Fasern (MMF)

Fragen wir nun nach den Ursachen für die Dispersion. Wie schon aus Abb. 4.2b ersichtlich ist, gibt es unterschiedliche Übertragungswege für *dasselbe* Bit mit *derselben* Information – dem entsprechen die verschiedenen Zick-Zack-Wege. Man berücksichtigt nun, dass die *Ausbreitungsgeschwindigkeit* v für Bits in der Glasfaser durch die Lichtgeschwindigkeit v *in einem Medium* (hier: Glas) mit einer bestimmten Brechzahl (n_K für den Kernbereich) bestimmt ist. Es gilt:

$$v = \frac{c}{n_K} \tag{4.3}$$

Mit einer bestimmten (konstanten) Brechzahl des Kerns n_K erreichen die Grundmode und die höheren Moden einen bestimmten Punkt in der Glasfaserstrecke zu unterschiedlichen Zeiten – damit entsteht eine Impulsverlängerung (Abb. 4.5a). Diese Art der Dispersion bezeichnet man als *Modendispersion*. Die in den sogenannten Stufen-Index-(SI-)-Fasern (Abb. 4.5a) entstehenden Impulsverlängerungen liegen bei etwa 50 ns/km. Bei einer Übertragung mit 10 Mbps (entsprechend dem Beispiel im vorigen Abschnitt, siehe auch Abb. 4.4) verlängert sich nach einem Kilometer Faserlänge die Impulsdauer von 20 auf etwa 70 ns – eine Übertragung von 2 Bits mit dem Abstand 100 ns ist damit schon unmöglich.

Eine andere Möglichkeit bietet sich, wenn sich die Brechzahl mit einem parabolischen Verlauf bis zur Kernmitte vergrößert (Abb. 4.5b). In diesem sogenannten Gradienten-Index-(GI-)-Fasern vergrößert sich die Impulsdauer um etwa 250 ps/km – erst nach 200 km würde sich ein ähnlicher Wert wie für SI-Fasern ergeben. Die hier vorgestellten Glasfasern heißen Multi-Mode-Fasern (MMF). Wegen der geringeren Dispersion benutzt man heute für die Datenübertragung auf kurzen Strecken (bis etwa 1 km) ausschließlich GI-MMF; der Kerndurchmesser ist in Europa d = 50 µm (in den USA 62,5 µm = 1/40 Zoll = 1/40", das ist das Längenmaß in den USA), der Manteldurchmesser überall D = 125 µm (= 1/20 Zoll). Will man jedoch viel höhere Übertragungsraten über lange Strecken erreichen, so ist der Wert der Modendispersion viel zu hoch.

4.2.3.3 Chromatische Dispersion in Single-Mode-Fasern (SMF)

Verringert man den Kerndurchmesser bis auf etwa 9 µm, ist nur noch die Grundmode ausbreitungsfähig – alle anderen höheren Moden können sich nicht ausbrei-

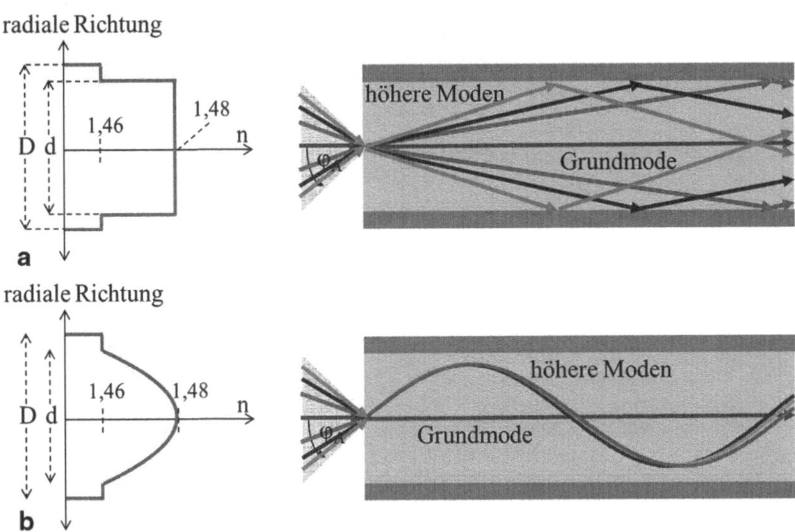

Abb. 4.5 Übertragung in SI- (**a**) und GI-Fasern (**b**)

ten und verschwinden durch destruktive Interferenz. Das sind die sogenannten *Single-Mode*-Fasern (SMF). Aber auch für die Grundmode gibt es eine Dispersion – die *chromatische Dispersion*. Wie das Wort „chroma" (griechisches Wort für Farbe) schon sagt, spielt die Farbe bzw. verschiedene Wellenlängen der Lichtquelle (Laser) eine entscheidende Rolle. Laserlicht wird im Allgemeinen als „monochromatisch" bezeichnet, sollte also nur *eine* Wellenlänge enthalten. Das ist aber physikalisch nicht möglich – Laserlicht hat immer eine sogenannte Bandbreite, d. h. es gibt viele Wellenlängen mit abfallender Leistung P um eine zentrale Wellenlänge herum (siehe Spektrum $P(\lambda)$ in Abb. 4.6a). Zugleich muss man beachten, dass die Brechzahl n nicht konstant ist – sie verringert sich mit zunehmender Wellenlänge (siehe $n(\lambda)$ in Abb. 4.6a). Zur Beschreibung der sogenannten *Materialdispersion* in SMFs markieren wir zum Beispiel drei verschiedene Wellenlänge: λ_1 (der „blaue" Anteil), λ_2 (der „grüne" Anteil) und λ_3 (der „rote" Anteil am Spektrum). Es gilt also: $\lambda_1 < \lambda_2 < \lambda_3$. Aus der Dispersionskurve n (λ) in Abb. 4.6a kann man ablesen: $n_1 > n_2 > n_3$. Wendet man nun Formel (4.3) an, so erhält man für die Ausbreitungsgeschwindigkeiten $v_1 < v_2 < v_3$. Folglich breitet sich der „blaue" Anteil am Spektrum in der Glasfaser am langsamsten aus, der schnellste ist der „rote" Anteil.

Die Ausbreitung der spektralen Anteile in einer Glasfaser ist in Abb. 4.6b dargestellt. Nach einer Glasfaserlänge L hat der langsamere „blaue" Anteil am Spektrum einen „Rückstand" von ΔL zum „roten" Anteil. Man kann unschwer aus dem Ab-

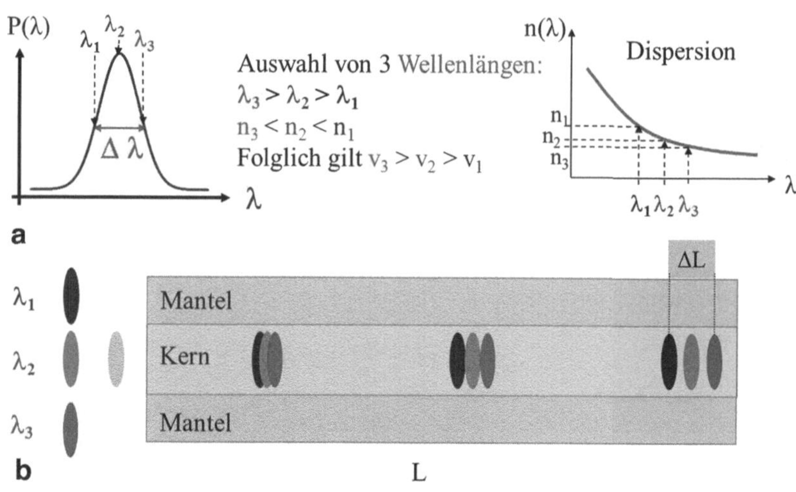

Abb. 4.6 Materialdispersion

stand ΔL die Zeit Δt errechnen: $\Delta t = \Delta L/v$ – das ist die Impulsverlängerung durch Materialdispersion. Die Materialdispersion wird durch einen Dispersionsparameter D_{Mat} gekennzeichnet, der die Impulsverbreiterung (in Pikosekunden, ps) pro km Faserlänge und pro nm Laserlinienbreite charakterisiert (Maßeinheit: ps/km·nm). Der Dispersionsparameter D_{Mat} wird mit steigender Wellenlänge größer. Für eine Standard-SMF (SSMF) mit 9 μm Kerndurchmesser ist zum Beispiel $D_{Mat} = +4$ ps/ km·nm bei $\lambda = 1300$ nm (2. Optisches Fenster) bzw. $D_{Mat} = +24$ ps/km·nm bei $\lambda = 1500$ nm (3. Optisches Fenster). Zusätzlich gibt es noch eine Dispersionsart, die neben der Kernbrechzahl auch die Brechzahl des Mantels berücksichtigt – die *Wellenleiterdispersion*. Der entsprechende Dispersionsparameter für die Wellenleiterdispersion D_{WL} (Maßeinheit wieder ps/km·nm) hat glücklicherweise ein anderes Vorzeichen als D_{Mat}. Zum Beispiel ist in der SSMF $D_{WL} = -4$ ps/km·nm bei $\lambda = 1300$ nm (2. Optisches Fenster) bzw. $D_{WL} = -8$ ps/km·nm bei $\lambda = 1500$ nm (3. Optisches Fenster). Die chromatische Dispersion erhält man nun indem man D_{Mat} und D_{WL} addiert: $D_{chrom} = D_{Mat} + D_{WL}$. Die resultierende Dispersion $D_{chrom}(\lambda)$ ist in Abb. 4.7 zu sehen.

Am günstigsten ist es, wenn die Dispersion Null wird (Nulldispersion). Wie in Abb. 4.7 ersichtlich ist das der Fall für eine SSMF mit 9 μm Kerndurchmesser bei der sogenannten *Nullwellenlänge* $\lambda_Z = 1,3$ μm (der Index Z kommt vom englischen „Zero"). Vom Standpunkt der Dispersion ist also das zweite optische Fenster der günstigste Arbeitsbereich. Zur Erinnerung: Vom Standpunkt der Dämpfung war das dritte optische Fenster am günstigsten. Es gibt nun verschiedene Möglichkei-

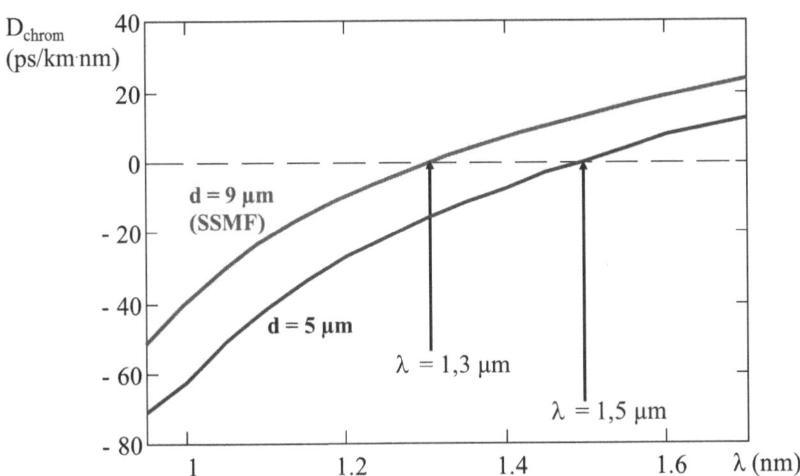

Abb. 4.7 Chromatische Dispersion

ten, die Nullwellenlänge ins dritte optische Fenster zu verschieden. Eine davon ist die Reduzierung des Kerndurchmessers von 9 µm auf 5 µm. Wie man in Abb. 4.7 sieht, tritt Nulldispersion dann bei $\lambda_z = 1{,}5$ µm auf. Die Verringerung des Kerndurchmessers hat jedoch einen anderen Nachteil: Ähnlich wie der Wasserfluss in einem Wasserrohr mit reduzierten Durchmesser verringert wird, verringert sich in einer Glasfaser mit reduziertem Kerndurchmesser die transportierbare Leistung P. Allerdings könnten bestimmte Spezialfasern (sogenannte dispersionsverschobene Glasfasern (engl. Dispersion Shifted Fibers, DSF), bei denen die Nulldispersion ins dritte optische Fenster verschoben ist, bei einer Neueinrichtung verlegt werden, Zum Beispiel in neu entstandenen Industriegebieten, in denen hohe Bitraten zu übertragen sind.

4.2.4 Bestandteile des Glasfasernetzes

Wie schon in Abb. 1.1 angedeutet wurde, benötigt man für das Glasfasernetz einen modulierbaren Lichtsender sowie einen Empfänger mit Demodulation zur Umwandlung in elektrische Signale, die von Endgeräten (Telefon, Computer, TV usw.) hör- und sichtbar gemacht werden können. Weiterhin benötigt man entlang der Glasfaserstrecke unter anderen Verstärker, Elemente zur Zusammenführung von Datenströmen (Multiplexer) und zu ihrer Trennung (Demultiplexer).

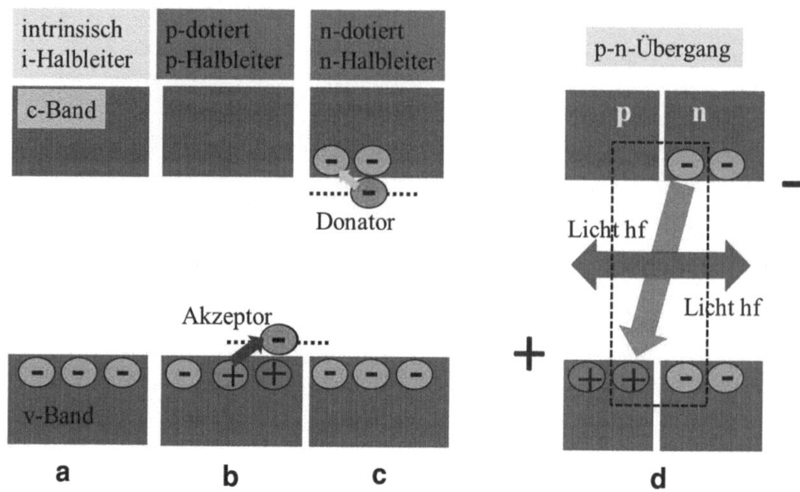

Abb. 4.8 Undotierte (**a**), p- (**b**) und n-dotierte Halbleiter (**c**) und Lichtentstehung im p-n-Übergang (**d**)

4.2.4.1 Sender für Glasfasernetze

Die Umwandlung elektrischer (Bits) in optische oder Lichtsignale erfolgt heute ausschließlich in Halbleiterelementen wie *Licht-Emission-Dioden* (LED) und vor allem in Halbleiterlasern. Dabei benutzt man bestimmte „Mixhalbleiter", z. B. bestehend aus Gallium-Arsenid (GaAs) und Indium-Phosphid (InP), sogenannte GaInAsP-Halbleiter.

4.2.4.1.1 Die LED

Halbleiter haben eine bestimmte Bandstruktur: Das energetisch höchste Band, was noch vollständig mit Elektronen „gefüllt" ist, nennt man das Valenz- oder v-Band. Das darüber liegende Band, in dem keine Elektronen sind, das also „leer" ist) heißt Conduction- (deutsch: Leitungs-) oder c-Band (siehe Abb. 4.8a). Einen solchen Halbleiter bezeichnet man als eigenleitend oder *intrinsisch* (i-Halbleiter). Die Energielücke (englisch: gap) E_G zwischen den Bändern entspricht der Energie des abgestrahlten Lichtes

$$E_G = h \cdot f = h \cdot c / \lambda \qquad (4.4)$$

mit dem Planck'schen Wirkungsquantum[6] $h = 6{,}626 \cdot 10^{-34}$ Ws^2 (Watt Sekunden zum Quadrat) und der Lichtgeschwindigkeit c, siehe Gl. 4.2. Es gibt also für jeden Halbleiter eine bestimmte Frequenz f und eine entsprechende Wellenlänge λ. Wie man den Halbleiter wählt, damit eine *bestimmte* Wellenlänge entsteht, soll hier nicht besprochen werden – einige „Rezepte" findet man in [4].

Für eine LED bzw. einen Laser benötigt man *dotierte* Halbleiter. Dafür gibt es mehrere Möglichkeiten: Wenn man z. B. in einer GaAs-Gitterstruktur das Gallium (Ga) ersetzt durch Zink (Zn), Cadmium (Cd) oder Slizium (Si), so wirken diese als *Akzeptor*, d. h. sie sind in der Lage, Elektronen aus dem Valenzband herauszuziehen (akzeptieren). Im Valenzband entstehen dadurch positiv (p) geladene Löcher und wir erhalten einen *p-dotierten Halbleiter* (Abb. 4.8b). Ähnlich ist es, wenn man in der GaAs-Gitterstruktur das Arsen (As) ersetzt durch Schwefel (S), Selen (Se), Tellur (Te) oder Silizium (Si). Diese wirken dann als *Donator* (Spender), d. h. sie sind in der Lage, Elektronen in das Leitungsband zu „spenden". Im Leitungsband entstehen dadurch negativ (n) geladene Elektronen und wir erhalten einen *n-dotierten Halbleiter* (Abb. 4.8c).

Bringt man nun einen p-dotierten Halbleiter mit einem n-dotierten zusammen, so entsteht ein p-n-Übergang. Nahe der Übergangsstelle (markierter Bereich in Abb. 4.8d) hat man nun Elektronen im c-Band und Löcher im v-Band – eine ideale Gelegenheit für die Elektronen im c-Band, in die freien Löcher im v-Band zu „springen". Diesen Prozess nennt man Rekombination, die dabei frei werdende Energie wird in Form von Licht ausgestrahlt (Abb. 4.8d). Die „verschwundenen" Elektronen und Löcher werden durch die angelegte Spannung (Plus erzeugt neue Löcher und Minus neue Elektronen im markierten Bereich) ersetzt (Abb. 4.8d). Das ist die Funktionsweise einer *Licht-Emissions-Diode* (LED).

4.2.4.1.2 Der Fabry-Perot-Laser

Zur Erhöhung der abgestrahlten Lichtleistung macht man zunächst die p-leitende Schicht sehr dünn (bis in den Mikrometerbereich) und umgibt sie mit n- bzw. p-leitenden dickeren Schichten eines geringfügig anderen (man benutzt den Begriff „heterogenen") Halbleitermaterials – es entsteht eine Doppel-Hetero-Diode (DHD).

Wie wird nun aus einer LED ein Laser? Spiegelt man einen Teil des durch Rekombination entstandenen Lichtes wieder in den p-n-Übergang zurück (Spiegel Sp1 in Abb. 4.9), die sogenannte *Rückkopplung*), so wird dieses Licht im p-n-Übergang verstärkt. Eine weitere Rückkopplung (Spiegel Sp2) führt zu noch mehr Verstärkung usw. Ein Teil des Lichtes passiert die Spiegel, das ist als Strahl 1,

---

[6] Benannt nach Max Planck, deutscher Physiker (1858–1947).

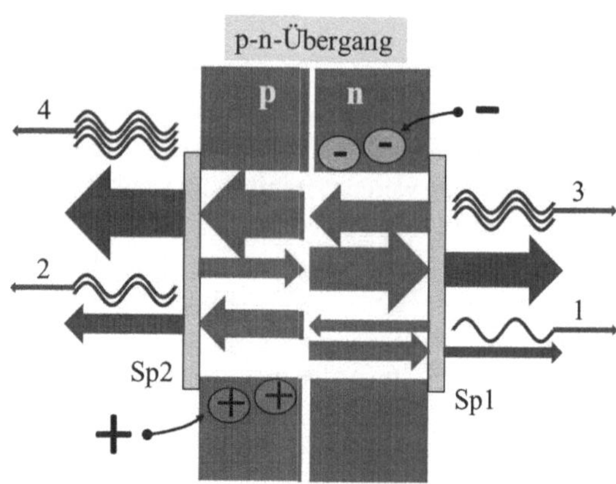

Abb. 4.9 Halbleiterlaser

2, 3 und 4 Abb. 4.9 dargestellt. Diese lawinenartig verstärkten Strahlen sind also das eigentliche Laserlicht. Eine Besonderheit dabei ist, dass das Licht (was man sich als Sinusschwingung vorstellen kann) genau mit den Sinusschwingungen des verstärkten Lichtes zusammenfällt – diese Erscheinung (in Abb. 4.9 mit den genau übereinander liegenden Sinusschwingen angedeutet) nennt man *Kohärenz* (als deutscher Begriff ist *Interferenzfähigkeit* im Gebrauch).

Für einen Laser benötigt man also immer eine Rückkopplung im sogenannten *Resonator*. Für den Resonator in einem Halbleiterlaser benutzt man den Umstand, dass durch die unterschiedliche Brechzahl im Halbleiter ($n_{HL} = 3{,}2\text{–}3{,}6$) und in Luft ($n_L = 1$) „automatisch" ein Teil (etwa 30 %) des im p-n-Übergang erzeugten Lichtes zurückgekoppelt wird – das ist die Fresnelsche Reflexion[7]. Das genügt, um die lawinenartige Verstärkung auszulösen.

Diese positive Wirkung des Resonators hat allerdings auch eine Kehrseite. Im Spektrum des Lasers entsteht nicht nur eine Wellenlänge, sondern neben der „Hauptwellenlänge" entstehen weitere spektrale Linien, die sogenannten *longitudinalen Moden* (in Deutsch: axiale oder Längsmoden) – nicht zu verwechseln mit den transversalen Moden aus Abschn. 4.2.1!

Die Entstehung dieser longitudinalen Moden kann man sich wie folgt vorstellen. Das Licht aus dem p-n-Übergang wird an den Spiegeln Sp1 und Sp2 im Abstand L (zumindest teilweise) reflektiert (Abb. 4.10a). Für eine konstruktive Überlagerung der hinlaufenden und der zurückgespiegelten Wellen benötigt man *stehende Wellen*, das heißt, an den spiegelnden Flächen muss eine Nullstelle oder Knoten sein; die Maxima oder Bäuche sind zwischen den Spiegeln verteilt. Im einfachsten Fall

---

[7] entwickelt von dem französischen Physiker Augustin Jean Fresnel (1788–1827).

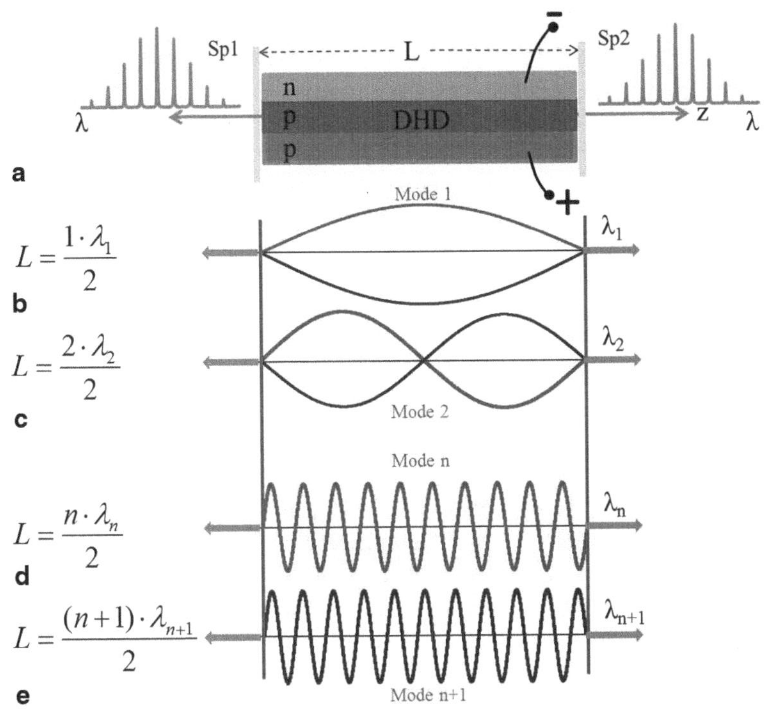

$$L = \frac{1 \cdot \lambda_1}{2}$$

$$L = \frac{2 \cdot \lambda_2}{2}$$

$$L = \frac{n \cdot \lambda_n}{2}$$

$$L = \frac{(n+1) \cdot \lambda_{n+1}}{2}$$

Abb. 4.10 Moden in Halbleiterlasern

bedeutet das, dass die Resonatorlänge L genau gleich der halben Wellenlänge $\lambda_1/2$ sein *muss*. Damit wird Licht mit der Wellenlänge λ_1 erzeugt (Abb. 4.10b). Das ist die niedrigste Mode Nr. 1 mit der Wellenlänge λ_1. Gleiches gilt für die nächstkleinere Wellenlänge $\lambda_2 < \lambda_1$, für die $L = 2\lambda_2/2 = \lambda_2$ gelten muss – Licht mit der Wellenlänge λ_2 wird erzeugt (Abb. 4.10c) usw. In jedem Schritt bringt man also eine halbe Wellenlänge „mehr" im Resonator unter und die Wellenlänge selbst wird kleiner. Der reale Resonator in einem Halbleiterlaser hat die Länge $L \sim 500$ µm. Damit sind λ_1 und λ_2 viel kleiner als L und Licht mit diesen Wellenlängen wird nicht verstärkt.

Setzt man diesen Prozess gedanklich fort, so kommt man irgendwann zu einer Wellenlänge λ_n, die im Bereich der erwünschten Wellenlänge liegt (z. B. bei 1500 nm). Das ist die Mode n mit der Wellenlänge λ_n. Auch dann gilt $L = n\lambda_n/2$ (Abb. 4.10d). Das gleiche gilt dann aber auch für nahe bei λ_n gelegene „nächste" Mode (n+1): $L = (n+1)\lambda_{n+1}/2$ (Abb. 4.10e). Das ergibt die Mode n+1 usw. man kann nun mathematisch ganz leicht den Abstand $\Delta\lambda = \lambda_n - \lambda_{n+1}$ zwischen den benachbarten Moden λ_n und λ_{n+1} bestimmen – im Bereich von 1500 nm sind das etwa 5 nm. Es entsteht also ein ganzer „Kamm" von Wellenlängen in der Nähe von $\lambda = 1500$ nm (Abb. 4.10a). Dieser Lasertyp mit an 2 Stellen konzentrierten Spiegeln (Abb. 4.10a) wird meist als Fabry-Perot[8]-Laser bezeichnet. Es ist der am meisten benutzte Laser – man findet ihn in vielen elektronischen Geräten, z. B. in CD-Playern.

Allerdings sind Fabry-Perot-Laser für die Datenübertragung wenig geeignet: Die spektrale Kammstruktur mit vielen longitudinalen Moden verbietet die Nutzung mehrerer Laser mit unterschiedlicher Wellenlänge – der Abstand muss mindestens 40 nm sein. Deshalb begann in den 90-er Jahren die Suche nach einem besser geeigneten Laser.

4.2.4.1.3 Der DFB-Laser

Das Grundproblem, welches gelöst werden musste, war spektraler Art:

a. Das Spektrum, das von einer LED ausgestrahlt wird, ist zu breit (etwa 40 nm, siehe Abb. 4.11a).
b. Die spektralen Linien eines Fabry-Perot-Lasers sind zwar schmal (etwa 1 nm), jedoch stören die zusätzlichen Spektrallinien der longitudinalen Moden (Abb. 4.11b).

Das Problem der zu großen Linienbreite (a) hat man gelöst, indem man die Dicke der entscheidenden p-Schicht immer mehr verringert hat – von einigen Mikrometern in der DHD (Doppel-Hetero-Diode, siehe Abschn. 4.2.4.1.2) bis zu einigen Nanometern. Da der einzelne Halbleiterkristall nur etwa 0,5 nm „dick" ist, erhält man statt der Bandstruktur in dieser sogenannten zweidimensionalen (2D) Halbleiterstruktur wieder atomare und damit sehr schmale Energieniveaus. Diese p-leitende Schicht ist umgeben von etwas breiteren (10–100 nm) n-leitenden Schichten eines anderen Halbleitermaterials, welches wieder eine Bandstruktur hat – man hat also erneut eine Doppel-Hetero-Struktur. Die energetische Struktur eines derartigen Aufbau ähnelt einem sehr schmalen Topf (ohne Deckel), deshalb nennt man ihn Quantentopf (in Englisch: Quantum well, QW). Die Verstärkung in einem einzelnen Quantentopf ist sehr gering, deshalb reiht man viele absolut identische QW's aneinander – das ist die Idee des Multi-Quantum-Well Lasers (MQW). Ein Beispiel einer solchen Schichtfolge ist in Abb. 4.11c dargestellt: 1 markiert die extrem dünne Schicht aus Indium-Gallium-Arsenid (InGaAs), 2 die umgebenden Schichten aus Indium-Aluminium-Gallium-Arsenid (InAlGaAs). Für die Entwicklung eines solchen Lasers erhielten Alferov und Kroemer[9] den Nobelpreis

---

[8] Charles Fabry (1867–1945) und Alfred Pérot (1863–1925), französische Physiker.
[9] Herber Kroemer (*1928), deutscher Physiker und Zhores Ivanovich Alferov (*1930), weißrussischer Physiker.

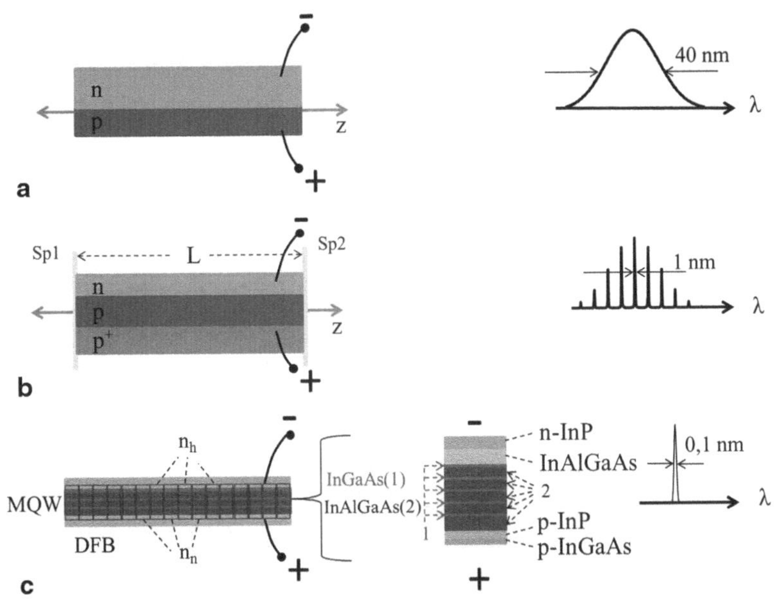

Abb. 4.11 LED, Fabry-Perot und DFB-Laser

im Jahre 2000. Die Herstellung einer MQW-Struktur ist technisch sehr anspruchs-voll, die dazu notwendige Molekularstrahlepitaxie (in Englisch: *m*olecular *b*eam *e*pitaxy, MBE) wurde erst in den 80-er Jahren entwickelt; der erste Laser kam in den frühen 1990-er Jahren auf den Markt.

Darüber hinaus musste noch das Problem der störenden longitudinalen Moden gelöst werden. Die Ursache für longitudinale Moden sind die Spiegel (Abb. 4.10), also sollte man die teilweise Reflexion an den Stirnflächen des Halbleiterlasers durch geschickte Bearbeitung vermeiden – aber wie realisiert man dann die Rück-kopplung? Wenn man den Brechungsindex entlang der MQW-Struktur periodisch ändert, also von höherem Index (n_h) zu niedrigerem (n_n), so erhält man eine gitter-ähnliche Struktur (Abb. 4.11c), sogenannte Miniresonatoren. Wählt man nun noch die Gitterperiode so, dass genau eine halbe Wellenlänge in den Resonator „passt" (ähnlich wie für die Mode 1 mit $L=\lambda/2$ in Abb. 4.10), so erhält man eine Rück-kopplung nur für *eine* Wellenlänge. Man verteilt also die Rückkopplung auf die ganze Länge der MQW-Struktur, daher der Name Laser mit verteilter Rückkopp-lung (in Englisch: *D*istributed *F*ee*dB*ack Laser, DFB-Laser). Auch hier sind die technischen Ansprüche für die Herstellung eines DFB-Lasers enorm – was auch seinen Preis hat: einige tausend Euro *pro Laser*! Nichtsdestoweniger sind moderne Kommunikationssysteme mit DFB-Lasern förmlich gespickt!

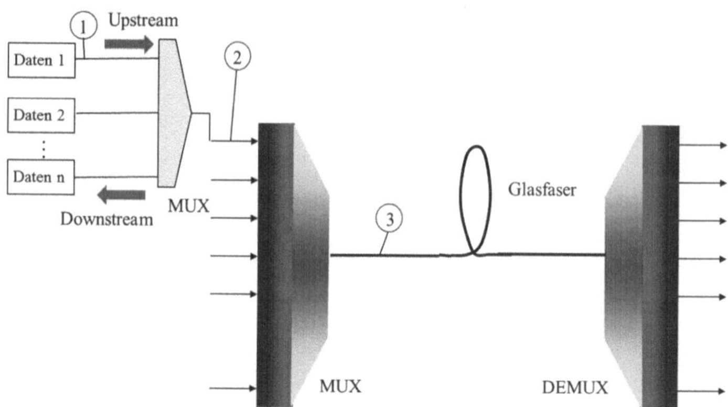

Abb. 4.12 MUX und DeMUX

4.2.4.2 Weitere Elemente

Sender (LED oder Halbleiterlaser) und Empfänger sind zwar die wesentlichsten
Elemente im Netz, das gesamte Netz ist jedoch wesentlich komplizierter und ent-
hält weitere Elemente wie Verstärker, Koppler und Verzweiger, Schalter, optische
Gleichrichter und Zirkulatoren, Filter für Multiplexing und Demultiplexing usw.
(Einzelheiten findet man in [4]).

In diesem Beitrag soll auch aus Platzgründen nur die Verschachtelung oder
Mehrfachnutzung (englisch: Multiplexing, MUX) und die Entschachtelung (englisch: Demultiplexing, DeMUX) näher beschrieben werden. Dabei werden zunächst Daten (z. B. Daten 1 bis Daten n in Abb. 4.12) zusammengefügt (auch im
deutschen nennt man mittlerweile das „Multiplexen"). Dabei ist es für den Anwen-
der unwichtig, ob eine e-mail, ein Bild oder ein Link zu einem Video zu versenden
(oder zu empfangen) ist (Markierung 1 in Abb. 4.12) – allerdings nennt Ihnen ihr
Anbieter eine Übertragungsrate in Bits pro Sekunde (bps). Diese Übertragungsrate
ist in Abb. 4.12 mit der Markierung 2 versehen. Dabei verhält es sich ähnlich wie
bei einer Autobahn mit vielen Auffahrten, bei der 130 km/h oder mehr möglich ist
– allerdings nur, wenn wenige Autos sie benutzen (was erfahrungsgemäß selten der
Fall ist). Also ist die Durchlassfähigkeit der *Datenautobahnen* auch begrenzt und
es kann trotz hinreichend großer Übertragungsrate (1, 2, 5, 10 Mbps oder mehr)
zum „Stau" kommen. In einer weiteren Multiplexstufe werden die Daten weiter
zusammengefasst und in eine Glasfaser mit sehr hoher Übertragungsrate (einige
Hundert Gbps) geschickt (Markierung 3 in Abb. 4.12). Auch dort ist natürlich ein
„Stau" möglich, dieser ist jedoch meistens regional und/oder zeitlich beschränkt.

Um möglichst große digitale Datenmengen gleichzeitig oder pro Zeiteinheit optisch übertragen zu können, hat man sich eine Reihe von Möglichkeiten einer Mehrfachnutzung ausgedacht.

- Nutzung von mehreren optischen Übertragungskanälen (Glasfasern), das ist die räumliche Verschachtelung (englisch: *Optical Space Division Multiplexing*, OSDM). OSDM bedeutet zum Beispiel die Verlegung von 4 parallelen Glasfaserpaaren (also 8 Glasfasern) im TAT-14-Kabel zwischen Europa und den USA oder die Einrichtung einer zusätzlichen Glasfaser als „Umleitung", die im Bedarfsfall aktiviert werden kann. OSDM kann mit der Existenz mehrerer parallel verlaufender Autobahnen verglichen werden.
- Nutzung von zeitlich versetzten „Fenstern" für die sequentielle Übertragung mehrerer Datenkanäle (englisch: *Optical Time Division Multiplexing*, OTDM): Datenkanal 1 wird im Zeitfenster 1 übertragen, anschließend wird Datenkanal 2 im Zeitfenster 2 übertragen usw. Das Ganze wiederholt sich nach einer bestimmten, vorher festgelegten Fensterzahl. Man kann sich das bildlich vorstellen als eine stark befahrene, ampelgeregelte Kreuzung, bei der zuerst die Geradeausrichtung Vorfahrt hat (Zeitfenster 1), danach die Rechtsabbieger der anderen Richtung (Zeitfenster 2) und zum Schluss die Linksabbieger der anderen Richtung (Zeitfenster 3). Danach wiederholt sich alles.
- Nutzung von Kanälen, die sich in ihrer Wellenlänge unterscheiden (englisch: *Wavelength Division Multiplexing*, WDM): Datenkanal 1 wird auf der Wellenlänge λ_1 übertragen, anschließend wird Datenkanal 2 auf der Wellenlänge λ_2 übertragen usw. Das kann man sich am besten bildlich vorstellen als eine Autobahn mit vielen Spuren – Spurwechsel ist selbstverständlich erlaubt!

In der Praxis können natürlich alle 3 Verfahren gleichzeitig genutzt werden.

Am interessantesten ist dabei wohl das WDM-Verfahren, es soll deshalb hier etwas genauer betrachtet werden. Vom Endgerät (also von uns Kunden) kommen die Daten als elektrische Bits, d. h. als kurze Stromstöße. Die Übertragung vom Kunden über das Netz zum Großrechner wird als Upstream (oder Upload) bezeichnet (siehe Abb. 4.12), die umgekehrte Richtung als Downstream (oder Download). In der Regel verlassen die Daten das Haus oder die Firma als elektrische Signale, z. B. über die Kupferdrähte einer DSL-Leitung. Nach einer mehr oder minder langen Strecke (von einigen Metern bis zum Kilometerbereich) treffen sie auf eine Glasfaser – die elektrischen Stromstöße müssen in optische Impulse umgewandelt werden. Dazu benötigt man einen Laser, der Licht auf einer bestimmten Wellenlänge (z. B. λ_0 in Abb. 4.13) und mit einer bestimmten spektralen Breite, der sogenannten Halbwertsbreite $\Delta\lambda$ (siehe Abb. 4.13) abstrahlt. Die Internationale Telekommunikationsunion (englisch: International Telecommunication Union, ITU) hat dafür

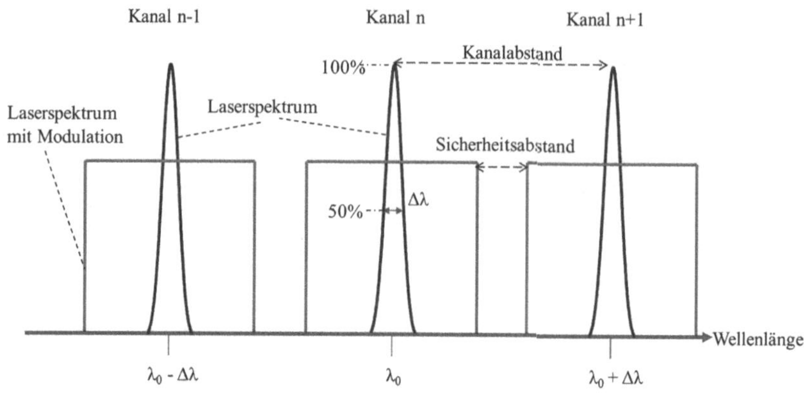

Abb. 4.13 Wellenlängen-Multiplex

bestimmte Standards festgelegt – sie beziehen sich auf die Frequenzen. Grundwert ist eine Frequenz von 193,1 THz. Das entspricht laut Gl. 4.2 einer Wellenlänge von 1553,6 nm. Jedes Datenpaket bekommt also *seinen* Datenkanal, *seinen* Laser. Der benachbarte Datenkanal hat einen genau festgelegten Abstand – die ITU hat dafür bestimmte Standards festgelegt. Zum Beispiel entspricht ein Kanalabstand von 100 MHz (laut ITU) einem Abstand in Wellenlängen von 0,75 nm. Nimmt man zum Beispiel 40 Kanälen für die Übertragung an (das ist heute Standard), so belegt die Datenübertragung $40 \times 0,75$ nm $= 30$ nm des verfügbaren spektralen Bereiches.

Die Laser-Halbwertsbreite $\Delta\lambda$ ist sehr gering ($\Delta\lambda \ll 1$ nm für einen DFB-Laser laut Abschn. 4.2.4.1.3) im Vergleich zum Kanalabstand. Zum Beispiel entspricht ein Kanalabstand etwa 0,75 nm (siehe Abb. 4.13). Allerdings verbreitet sich die Laserlinie beim Aufbringen der Bits auf den Laserstrahl – man nennt das Modulation. Zum Beispiel entspricht eine Modulation mit 40 Gbps (entspricht etwa 40 GHz) einer Modulationsbreite von etwa $\pm 0,3$ nm. Damit verbleibt ein sogenannte Sicherheitsabstand (englisch: safety clearance) von 0,15 nm – so viel ist notwendig, um ein „Übersprechen" zwischen benachbarten Datenkanälen zu vermeiden (wer möchte schon gern, dass sein privates Gespräch vom Nachbarn belauscht werden kann). Die beschriebenen Verhältnisse sind in Abb. 4.13 dargestellt. Für eine Vergrößerung der Übertragungsrate hat man nun prinzipiell 2 Möglichkeiten:

- Vergrößerung der Modulation; damit verbunden ist eine Vergrößerung des Kanalabstandes und – bei konstanter Kanalzahl – eine Vergrößerung des spektralen Bereiches.

- Vergrößerung der Kanalzahl, was bei bei konstanter Modulation ebenfalls zu einer Vergrößerung des spektralen Bereiches führt.

In jedem Falle begrenzt der nutzbare spektrale Bereich der Glasfaser (Abb. 4.3) die Übertragungsrate. Allerdings werden von den zur Verfügung stehenden etwa 200 nm (Abb. 4.3) zurzeit erst etwa 30 nm genutzt – also kann die Übertragungsrate in den existierenden Glasfasern noch deutlich erhöht werden.

Für das Wellenlängenmultiplex ist also der Kanalabstand eine entscheidende Größe. Laut Empfehlung der ITU-T (T steht für Telekommunikation) [5] unterscheidet man folgende „Arten" des WDM:

- Breites WDM (englisch: wide WDM, WWDM); der Kanalabstand ist ≥ 50 nm. Üblicherweise benutzt man 2 Kanäle, einer im Bereich des 2. optischen Fensters (etwa 1300 nm) und einer im 3. optischen Fensters (etwa 1550 nm). Zum Beispiel nutzt man WWDM in lokalen optischen Netzen (englisch: local area networks, LAN)
- Grobes WDM (englisch: coarse WDM, CWDM); der Kanalabstand ist 20 nm (etwa 2.5 THz), das ergibt maximal 18 Kanäle. CWDM ist geeignet für kurze und mittlere Entfernungen (METRO-Netze)
- Dichtes und ultradichtes WDM (englisch: dense WDM, DWDM oder ultra dense WDM, UWDM) mit Kanalabständen von 0,75 nm bis 0,15 nm (< 1000 GHz), damit sind bis 100 Kanäle möglich. DWDM und UWDM sind geeignet in Netzen für große Entfernungen (englisch: wide area network, WAN)

Für die moderne Telekommunikation benötigt man heute ein Netz, in dem große Datenmengen übertragen werden können (in der Regel DWDM oder UDWDM im dritten optischen Fenster) sowie einen Kontroll- oder Messkanal, über den die ordnungsgemäße Funktion der Übertragung geprüft werden kann – also zusätzlich ein CWDM im zweiten optischen Fenster.

Das Zusammenführen (MUX) und Trennen (DeMUX) der Datenkanäle führt zu einem technisch beherrschbaren, aber finanziell hohem Aufwand, der natürlich immer in eine Gesamtkalkulation einbezogen werden muss.

4.3 Mobilfunknetze

Aus Abb. 1.1 ist ersichtlich, dass das Herzstück eines globalen Datennetzes ein Glasfasernetz ist, welches die Datenübertragung über Tausende von Kilometern sichert (der sogenannte WAN-Bereich). Der weitere und notwendige qualitative und quantitative Ausbau dieser Glasfasernetze erfolgt relativ unbemerkt und unspektakulär.

Anders ist das bei den Endgeräten: Die Handys sind klein und handlich geworden, durch den geringeren Energieverbrauch hält der Akku viel länger. Weiterentwicklungen wie i-Phone oder Smartphone erobern den Markt. Laut ITU[6] gab es weltweit 2013 7 Mrd. Handys – das entspricht genau der Weltbevölkerung. Damit verfügt *statistisch* jeder Erdenbürger über ein Handy. Und auch in der Zukunft wird sich diese Zahl alle 3–4 Jahre um 2 Mrd. erhöhen. Die Verteilung ist allerdings sehr unterschiedlich: Im Jahre 2013 gab es zum Beispiel in Macao 3,04, in Hongkong 2,39, in Deutschland 1,19 und in Eritrea 0,06 Mobilfunkgeräte pro Einwohner[7]. 2013 „zählte" der Telekommunikationsverband BITKOM für die Bundesrepublik 62 Mio. Handynutzer[8].

Mobile Endgeräte in Kombination mit einem globalen Festnetz werden die Zukunft der Telekommunikation bestimmen. Das stationäre Telefon (mit Schnur oder schnurlos) wird aus den Haushalten zunehmend verschwinden. Es wird durch mobile Endgeräte verdrängt, die sich automatisch zu Hause über WLAN oder ähnliches in das Festnetz einklinken (oder neuhochdeutsch: einloggen) und unterwegs automatisch das Funknetz nutzen. Durch neue Dienste für Smartphones (z. B. WhatsApp und e-mail) ändert sich auch das Nutzungsverhalten der Kunden – z. B. ist die Zahl der von Deutschland verschickten SMS von 60 Mrd. in 2012 auf rund 38 Mrd. in 2013 zurückgegangen[9]! In dieses Gesamtnetz werden neue Entwicklungen wie die sogenannten wearables (deutsch: Die Tragbaren) eingebunden, das sind z. B. Datenbrillen (auch SmartGlass genannt), Computeruhren, Fitnessarmbänder, Kleidung mit Mobilfunk-Chips usw. Auch Fernsehen wird man zunehmend drahtlos über WLAN. Nicht zu vergessen – auch Sensoren wie z. B. in Alarmanlagen sind in das Netz eingebunden und aus der Ferne bedienbar.

Um ein Gefühl für die realen Möglichkeiten der mobilen Kommunikation zu entwickeln und die technischen Grenzen zu erkennen sollen hier Funkwellen, ihre Ausbreitung und die Mobilfunknetze näher beleuchtet werden.

4.3.1 Übertragung durch Funkwellen

Heinrich Hertz hat schon 1886 die Abstrahlung elektromagnetischer Wellen in den freien Raum nachgewiesen. Der Hauptgedanke besteht darin, dass mit jeder Bewegung einer Ladung (z. B. bei einem Stromfluss im elektrischen Netz) ein schwaches Magnetfeld entsteht und dieses Magnetfeld ein – ebenfalls schwaches – elektrisches Feld hervorruft. Gleiches gilt für die Abstrahlung durch eine Antenne: Ein sich *änderndes elektrisches Feld* zieht ein sich *änderndes magnetisches*

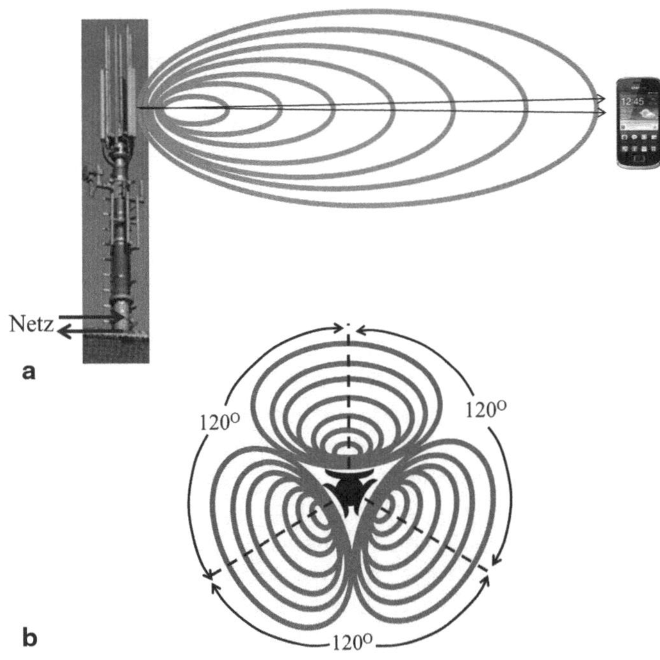

Abb. 4.14 Ausbreitung elektromagnetischer Wellen im Raum

Feld nach sich, ein sich *änderndes magnetisches Feld* ein sich *änderndes elektrisches Feld* usw. Da diese Welle elektrische und magnetische Größen vereint nennt man sie *elektromagnetische Welle*. Jede elektromagnetische Welle ist durch eine Amplitude und eine Frequenz gekennzeichnet. Die Feldlinien breiten sich mit Lichtgeschwindigkeit im Raum aus. Die Form der Feldlinien wird dabei wesentlich durch die Konstruktion der Antenne bestimmt. Die Abstrahlung durch eine an einem Sendemast befestigte Antenne ist in Abb. 4.14a dargestellt (seitlicher Blick). Der Abstand zwischen zwei benachbarten Feldlinien entspricht der halben Wellenlänge $\lambda/2$. Von der gesamten abgestrahlten Welle kommt nur ein geringer Teil (schwarz markierter Winkelbereich in Abb. 4.14a, praktisch etwa 0,0005 Grad) beim Empfänger (z. B. Smartphone) an. Bei den heute verwendeten Mobilfunkantennen erfolgt die Energieabgabe größtenteils horizontal in der Hauptstrahlrichtung (Abstrahlungskegel) mit einem horizontalen Öffnungswinkel von etwa 120 Grad (Abb. 4.14b) und einem vertikalen Öffnungswinkel von 5 bis 10 Grad.

Man unterscheidet niederfrequente elektrische und magnetische Felder im Frequenzbereich zwischen 0 Hertz und 10 Kilohertz (kHz) sowie hochfrequente elektromagnetischen Felder im Frequenzbereich von 10 Kilohertz bis 300 Gigahertz (GHz). Elektromagnetische Wellen in Mobilfunknetzen haben eine Frequenz zwischen 800 Megahertz (MHz) und 2,6 Gigahertz (GHz). Übrigens kann auch das Licht als elektromagnetische Welle betrachtet werden, die Frequenzen sind aber viel höher als beim Mobilfunk – sie reichen von 3 Terahertz (THz) für das ferne Infrarot bis 1000 THz für das Ultraviolett.

4.3.2 Aufbau von Mobilfunknetzen

4.3.2.1 Basisstationen

Basisstationen sind die Knotenpunkte eines Mobilfunknetzes. Sie bestehen immer aus einem Sender und einem Empfänger. Typischerweise sind an einem Sendemast drei jeweils um 120 Grad versetzte Antennen befestigt (Abb. 4.14b, Blick von oben). Dadurch erreicht man eine nahezu gleichmäßige Wellenabstrahlung in alle Richtungen bzw. gleichmäßigen Wellenempfang aus allen Richtungen.

Ähnlich wie in Abb. 4.14a dargestellt sendet die am Mast befestigte Sendeantenne die aus dem Netz ankommenden digitalen Signale als elektromagnetische Wellen aus, die im Empfangsgerät (z. B. Smartphone) empfangen werden. Umgekehrt empfängt dieselbe Antenne die vom Handy ausgestrahlten elektromagnetischen Wellen und leitet sie anschließend ins Netz weiter. Grundlage ist also in jedem Fall ein Netz mit Glasfaser- oder Kupferleitungen.

Mobilfunkbasisstationen sind also Sende- und Empfangsanlagen, die mit sehr niedriger Sendeleistungen zwischen weniger als 10 und höchstens 40 Watt arbeiten. Die Handy-Sendeleistungen liegen typischerweise unter 0,25 Watt. Für besondere Fälle („Kein Netz – nur Notrufe") kann sie jedoch automatisch bis zwei Watt erhöht werden – was zu der gewollten erhöhten Reichweite führt.

4.3.2.2 Funkzellen und ihre Verteilung

Jede Basisstation kann nur ein begrenztes Datenvolumen senden bzw. empfangen. Sie versorgt nur ein eng begrenztes Gebiet – die Funkzelle. Funkzellen sind je nach realer bzw. zu erwartender Nutzerzahl unterschiedlich groß, ihr Durchmesser ist in Städten oder Ballungsgebieten wie Flughäfen etwa 200 m, im ländlichen Bereich sind es einige Kilometer (Abb. 4.15). Betrachtet man nur Funkzellen mit 3 km Durchmesser (also einer Fläche von etwa $(\pi d^2)/4 = 7{,}1\,\mathrm{km}^2$), so braucht man für die Versorgung der Bundesrepublik Deutschland mit einer Fläche von 357.000 km² theoretisch 357.000 : 7,1 = 50.500 Funkzellen. Allerdings spielt auch die Oberflächenstruktur eine Rolle: In Städten und in hügliger Landschaft sind 3 km Abstand unproblematisch – im Gebirge ist es schwer, diesen Abstand einzuhalten. Deshalb heißt es in Tälern öfters mal „Kein Netz".

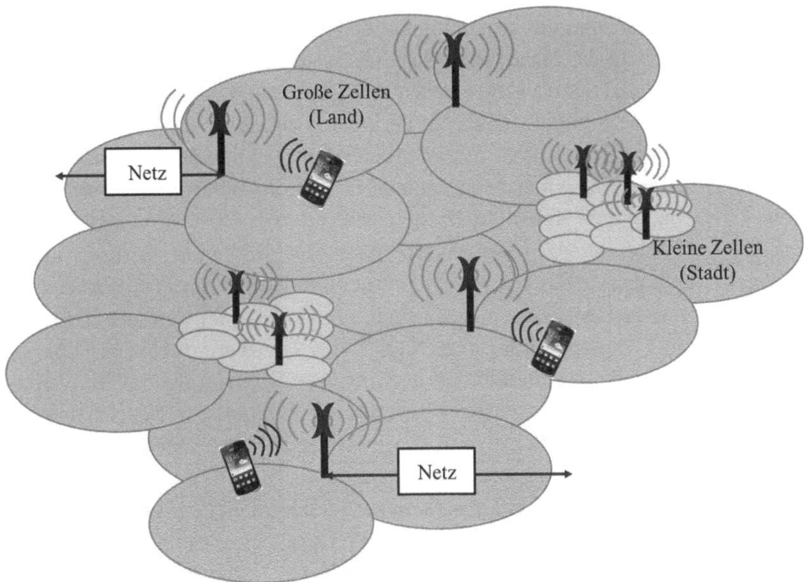

Abb. 4.15 Funkzellen

Jedoch kann es auch in Gegenden mit kleinen und vielen Funkzellen zeitweise Probleme geben: Beim Flughafenstreik wollen viele Menschen gleichzeitig Auskunft bzw. sie schlagen die Zeit mit Onlinespielen oder SMSen tot; gleiches gilt für das Überbringen der guten Wünsche zu Silvester – natürlich pünktlich um Mitternacht!

Damit alles so gut wie möglich funktioniert gibt es in Deutschland laut Bundesnetzagentur[10] 71240 Basisstationen (Stand Ende 2013) für etwa 143 Mio. Kunden. Das damit übertragene Datenvolumen hat sich zwischen 2010 und 2013 mehr als vervierfacht (von 65 Mio. GBit in 2010 auf 267 Mio. GBit in 2013)[9].

Sowohl Basisstation wie auch Empfänger (Handy) passen heute ihre Leistungsparameter automatisch den Übertragungsverhältnissen an. Bei einer geringen Anzahl von Handys im Bereich der Funkzelle wird die Sendeleistung der Basisstation automatisch reduziert – die Funkzelle „atmet". Bei guter Verbindung reduziert sich die Sendeleistung des Handys wie von Zauberhand auf den minimal notwendigen Wert – das spart übrigens auch Akkukapazität. Auch die Empfindlichkeit der Handys wurde im letzten Jahrzehnt sehr verbessert: Heute genügt 1 Pikowatt (10^{-12} Watt) für eine stabile Verbindung.

Wie funktioniert nun die „Kommunikation" zwischen zwei Handys irgendwo in der Welt? Sobald das Handy eingeschaltet ist geht es „auf Empfang", d. h. es registriert das Signal der nächstgelegenen Basisstation und bestätigt den Empfang periodisch mit einem Impuls (englisch: Periodic Location Update). Damit „weiß" nun wiederum die Basisstation, dass sich das ganz konkrete Handy (mit Handynummer) im Bereich der Funkzelle befindet und „protokolliert" das automatisch. Beim Übergang in eine andere Funkzelle passiert dasselbe erneut – Fachleute bezeichnen das als *Handover* (deutsch: Übergabe). Da die Zeit des Eintritts in die Funkzelle (und des Verlassens) jeweils protokolliert wird kann man daraus auch im Nachhinein ein Bewegungsbild erstellen, die Geschwindigkeit „des Handys" errechnen und Schlussfolgerungen bezüglich des Transportmittels (zu Fuß, per Auto oder Zug) ziehen – darauf basiert übrigens jede Nachverfolgung! Die Mobilfunkdaten sind also ein sehr sensibler Bereich, was zumindest in Deutschland der Gesetzgeber besonders berücksichtigt. Nur ein ausgeschaltetes Handy kann demzufolge nicht ohne weiteres geortet werden.

Wenn ein Anruf erfolgt, läuft das damit verbundene digitale Signal zur nächstgelegenen Basisstation, von dort geht es in ein Netz zu einem Computer des jeweiligen Anbieters (z. B. T-Mobile oder Vodafon), der z. B. die Rechtmäßigkeit der Handyverbindung prüft (ist das Handy registriert?), den „Gebührenzähler" anstellt, bestimmte Dienste anbietet („Please hold the line! Bitte warten, Sie werden verbunden…") und im globalen Netz nach dem gewünschten Handy-Gesprächspartner sucht. Ist dieser bei irgendeiner Basisstation registriert, schickt diese Basisstation den Ruf auf das Handy – die Verbindung „steht". Die Kunst der Telekommunikationsanbieter besteht darin, dass die Verbindung unabhängig von der Gestaltung des jeweiligen Netzes funktionieren muss! Das erfordert feste Absprachen zum Datentransport – die Standards.

4.3.2.3 Mobilfunkstandards und ihre Folgen

Nur wenn überall gleiche oder miteinander vereinbare Standards vorhanden sind kann Mobilfunk global funktionieren. Für jede Basisstation müssen wesentliche Größen wie die verwendete Frequenz (und Bandbreite), die Kanalzahl, die Kanalbündelung für Downlink (Datenfluss zum Handy) und Uplink (Datenfluss vom Handy ins Netz) und die Art der Datenmodulation diesen Standards entsprechen – daraus lassen sich für den Nutzer wesentliche Größen wie die Übertragungsbandbreite ableiten. InTab. 4.1 sind die wesentlichen Standards aufgeführt – viele technische Einzelheiten kann man z. B. in Wikipedia finden. In den folgenden Abschnitten sollen die gebräuchlichen Standards erläutert werden.

Tab. 4.1 Standardisierung im Mobilfunk

Standard	Einfüh-rungsjahr	Frequenzen (MHz)	Kanal-zahl	Übertragungsrate	Sende-leistung Basisstation (W)
GSM 900 GSM 1800	1992	890–915 (up) 935–960 (down) 1725–1781 (up) 1820–1876 (down)	10 bis 124	≤25 kBps	<10
GPRS	≈1996	Wie GSM		Bis 63 kBps (down) Bis 32 kBps (up)	
EDGE	≈2000	Wie GSM		Bis 237 kBps (down) Bis 119 kBps (up)	
UMTS	2002	1920–1980 (up) 2110–2170 (down)	1–2	Bis 384 kBps (down) Bis 64 kBps (up)	≤20
HSPA HSDPA HSUPA	2003	Wie UMTS		7,2 Mbps (down) 3,6 Mbps (up)	
HSPA +	2005	Wie UMTS		21–42 Mbps (down) bis 5,8 Mbps (up)	
LTE	2010	≈840+≈2530 (up) ≈800+≈2560 (down)	1–2	Bis 100 Mbps (down) Bis 50 Mbps (up)	≤40
LTE-A	2012	Wie LTE		Bis 1 GBps (down) Bis 500 Mbps (up)	

4.3.2.3.1 GSM, GPRS, EDGE

Das globale System für mobile Kommunikation (englisch: Global System for Mobile Communications, GSM) war der erste Standard, der seit den 1990-Jahren weltweit genutzt wurde. Damit wurde die analogen Methoden der mobilen Kommunikation (1. Generation oder 1G) durch digitale Methoden ersetzt. Man bezeichnet GSM auch als 2. Generation (oder 2G) der Mobilfunktechnik. Bei der GSM-Technik wird von *einem* Sender immer *ein* Kanal benutzt – man bezeichnet das als *leitungsvermittelt*.

Wegen der geringen Bandbreite und der begrenzten und teuren Frequenzressourcen wird beim GSM-Standard die Sprache auf viel weniger Bit in der Sekunde zusammengefasst, als dies bei der Übertragung im Festnetz der Fall ist. Während es im Festnetz 64 kBps sind, erfolgt die digitale Sprachkodierung von GSM mit 13 kBps. Dennoch bleibt die Sprache gut verständlich. Das ist die besondere Leistung des GSM-Verfahrens, die nur durch hochentwickelte Codierungs- und Fehlerkorrekturverfahren möglich wurde.

Die Übertragung von digitalen Daten zwischen Handy und Basisstation erfolgt in Zeitschlitzen ähnlich wie beim Zeitmultiplex (vergleiche OTDM in Abschn. 4.2.4.2). 217 Zeitschlitze pro Sekunde stehen zur Verfügung, damit ist ein einzelner Zeitschlitz 1 s: 217 = 4,6 ms lang. Diese Übertragungsverfahren werden daher auch als so genannte *niederfrequent gepulste Hochfrequenz* bezeichnet. Die Abfolge der Datenpakete beim Handy und bei der Mobilfunkbasisstation ist dagegen unterschiedlich. Das Handy sendet die Datenpakete der Sprachinformation immer im gleichen zeitlichen Abstand nacheinander. Die Beschaffenheit der von der Basisstation gesendeten Signale ist dagegen abhängig vom tatsächlichen Gesprächsaufkommen. Dabei sendet der so genannte Basiskanal mit gleichbleibender Leistung, wobei alle seine Zeitschlitze aufgefüllt werden. Die Zeitschlitze der Verkehrskanäle werden je nach Bedarf genutzt. Für das Versenden von Datenpaketen wird vom gesamten Zeitschlitz nur 1/8 benutzt, also nur 0,577 ms! Bei GSM werden Sprache und Daten verschiedener Nutzer zeitversetzt gesendet. Es wird immer ein Datenpaket pro Zeitschlitz verschickt. Im nächsten werden Daten anderer Handys übertragen – und so weiter, bis nach meist sieben Zeitschlitzen wieder das erste Handy an der Reihe ist. Die einzelnen Datenpakete erreichen den Empfänger gewissermaßen scheibchenweise. Dort werden sie wieder zu einem Ganzen zusammengesetzt. Da dies in Sekundenbruchteilen geschieht, kann das Ohr die Pausen nicht wahrnehmen.

Bei einer Weiterentwicklung von GMS, dem Allgemeinen Paketorientierten Funkdienst (englisch: General Packet Radio Service, GPRS) liegt eine *paketvermittelte* Übertragung vor. Durch Anpassung der Datenvolumen und des Datenaufkommens erreicht man gegenüber GSM eine höhere Übertragungsrate. Zur Vergrößerung der Bandbreite können maximal 8 Kanäle gebündelt werden. Durch eine spezielle Modulationstechnik erreicht man mit der Verbesserten Datenrate für GSM (englisch: Enhanced Data Rates for GSM Evolution, EDGE) eine weitere Erhöhung der Übertragungsrate. Bündelung von bis zu 8 Kanälen ist wieder möglich.

4.3.2.3.2   UMTS, HSPA, HSPA+

Eine weitere Verbesserung erreicht man durch spezielle Verarbeitung der zu übertragenden Signale und deren Modulation beim Universalen Mobilfunksystem (englisch: Universal Mobile Telecommunications System, UMTS). Man bezeichnet UMTS auch als 3. Generation der Mobilfunktechnik oder 3G.

Bei UMTS senden alle Nutzer gleichzeitig auf derselben Frequenz. Damit eine Zuordnung zu einzelnen Verbindungen möglich ist, werden die Signale jeweils unterschiedlich codiert. Durch den Einsatz verschiedener Codelängen kann das verfügbare Frequenzspektrum besser genutzt werden. Das UMTS-Signal ist nicht gepulst und ähnelt einem Rauschen. Man spricht bei UMTS von einer *paket- oder codevermittelten* Übertragung, die im Übrigen das sogenannte Internet-Protokoll (IP) benutzt und damit mit der Computertechnik arbeiten kann. Die Zahl der Kanäle ist gegenüber GSM drastisch reduziert, dafür ergibt sich die Möglichkeit einer Kanalbündelung sowie der Mehrfachnutzung über verschiedene Kodierungen.

Um eine hohe Übertragungsrate zu ermöglichen benötigt man auf den entsprechenden Frequenzen eine optimale Bandbreite. 4 Frequenzbänder wurden in Deutschland im Jahre 2000 versteigert. Die Gewinner waren nicht überraschend die vier größten Anbieter in Deutschland: Deutsche Telekom, Vodafon, E-Plus und O_2. Die Versteigerung brachte dem Fiskus 50,8 Mrd. € in die Kasse! Die Belastungen für die Anbieter waren jedoch zu hoch, sie verbauten den Weg für notwendige Investitionen: Die UMTS-Technik benötigte zwingend neue Installationen in den Basisstationen, die mit hohen Investitionen verbunden waren. Weil außerdem die für UMTS geeigneten Handys erst ab 2001 auf den Markt kamen, begann sich das Universale Mobilfunksystem UMTS erst ab etwa 2005 „zu rechnen".

Im Gegensatz zu GSM gibt es bei UMTS keine „Pausen" im Zeitschlitz: Daten gleiten als kleine „Pakete" innerhalb eines Frequenzbandes wie auf einer riesigen Rutschbahn – dem Breitband – auf den unterschiedlichsten Wegen durch das Internet zum Empfänger. Da sie alle mit einer eindeutigen Kennung versehen sind, kann dieser rasante Datenstrom im Handy des Empfängers wieder in der richtigen Reihenfolge zusammengesetzt werden. Gegenüber den starren Zeitschlitzen des GSM-Standards kann UMTS auf diese Weise die vorhandenen Frequenzen sehr viel wirtschaftlicher nutzen. Einfache Telefongespräche, die eine geringere Bandbreite beanspruchen, lassen Platz für gleichzeitige Übertragungen mit hoher Bandbreite wie etwa eine Bildübermittlung.

Anders als bei GSM haben die Funkzellen der UMTS-Netze keine feststehende räumliche Ausdehnung. Vielmehr verändern sich die Zellgrößen in Abhängigkeit von der Zahl der Nutzer: Sie „atmen" gewissermaßen. Jede UMTS-Funkzelle hat eine mögliche maximale Sendeleistung. Je mehr Menschen in der Zelle mobil telefonieren, desto weniger Leistung kann auf den einzelnen entfallen. Dadurch verringert sich die Bandbreite beziehungsweise die mögliche Entfernung zur Sendestation: Die Zelle wird kleiner. Bei sehr hohem Sendeaufkommen kann es sein, dass weiter entfernte Teilnehmer von einer anderen, daneben liegenden Zelle versorgt werden müssen. Deshalb ist eine relativ engmaschige Anordnung der Basisstationen notwendig.

Im Rahmen von UMTS gab es eine Reihe von Weiterentwicklungen. So wurde beim Hochgeschwindigkeits-Paket-Zugang (englisch: High Speed Packet Access, HSPA) eine weitere Perfektionierung der Modulation und eine schnellere Anpassung an die Netzkapazität vorgenommen. Unter HSPA gibt es eigenständige Bezeichnungen für den Downlink (englisch: High Speed Downlink Packet Access, HSDPA) und für den Uplink (englisch: High Speed Uplink Packet Access, HSUPA). Eine weitere Verbesserung kam mit der Erweiterten HSPA (englisch: HSPA Evolution, HSPA+). Damit erzielt man noch höhere Übertragungsraten mittels neuer Modulationsverfahren, die das Frequenzspektrum besser ausnutzen, sowie mit einer speziellen Antennentechnik.

4.3.2.3.3   LTE, LTE-A

Weitere Verbesserungen des Übertragungsverfahrens und Weiterentwicklungen in der Antennentechnologie führten zur sogenannten Langfristigen Entwicklung (englisch: Long Term Evolution, LTE) als bisher höchste Entwicklungsstufe im Mobilfunk. LTE nutzt konsequent das Internet-Protokoll – damit können alle aus der Computertechnik bekannten Dienste wie Internet, e-mail, Apps und Telefonie genutzt werden. Wichtiger Fortschritt bei LTE ist auch die Verringerung der sogenannten Latenzzeit. Das ist die Zeit, die eine Nachricht für den Weg vom Sender bis zum Empfänger benötigt. Die Latenz beinhaltet die Komponenten Ausbreitungsverzögerung, Übertragungsverzögerung und Wartezeit. Speziell durch Reduzierung der Wartezeit wird bei LTE eine Latenzzeit von unter 10 ms angestrebt. In der Praxis ist von einer Latenzzeit unter 30 ms die Rede. Damit verhält sich ein LTE-Anschluss in etwa wie ein DSL-Anschluss (digitale Teilnehmeranschluss, englisch: Digital Subscriber Line). Mit LTE werden die Anforderungen der ITU für die 4. Generation Mobilfunk nicht ganz erfüllt – deshalb nennt man diese Technik 3,9G. Durch ein flexibles Multiplexverfahren ist LTE in der Lage, umfangreiche Datenmengen auf viele Trägerfrequenzen zu verteilen. Die durch LTE möglichen Übertragungsraten von bis zu 100 Mbps im Download und 50 Mbps im Upload ähneln den Übertragungsraten von schnellen DSL-Anschlüssen und machen es unter anderem möglich, LTE-Mobilfunk als „letzte Meile" einzusetzen (als letzte Meile bezeichnet man das letzte, bis einige hundert Meter lange Teilstück der Übertragung bis zum Hausanschluss, meistens noch Kupferkabel). LTE ist auch sehr gut zur Breitbandversorgung im ländlichen Raum geeignet.

Eine echte 4. Generation der Mobilfunktechnik (4G) stellt das Hochentwickelte LTE (englisch: LTE Advanced, LTE-A) dar. Das besondere bei LTE-A ist die Kombination von zwei oder mehreren Sende- und Empfangsantennen (Mehrantennentechnik) einschließlich der dazugehörigen Technik, mit der sich in heterogenen Netzen *verschiedene Basisstationen* parallel verwenden lassen (auch bei jeweils unterschiedlichen Signalstärken).

4.3.3 Ökologische und gesundheitliche Fragen zum Mobilfunk

Der Mobilfunk berührt eine ganze Reihe von ökologischen Fragen – hier soll nur das Problem „Rohstoffe/Recycling" betrachtet werden.

Ende 2013 bestanden rund 7 Mrd. Mobiltelefonverträge weltweit [6] und es werden jährlich eine Milliarde Geräte hergestellt. Die Haltbarkeit bzw. die Nutzungsdauer liegt im Mittel bei drei Jahren. In dieser Dimension muss man die Rohstofffrage und das mögliche Recycling betrachten. Ein Mobiltelefon besteht zu 56 % aus Kunststoff, zu 25 % aus Metallen (Kupfer, Eisen, Aluminium, Nickel, Zinn und andere Metalle), zu 16 % aus Glas und Keramik und zusätzlich zu 3 % aus sonstigen Rohstoffen (Abb. 4.16a).

1 % „andere Metalle" sind z. B. Gold, Silber, Platin, Kobalt, Indium, Tantal, Palladium und sogenannte „Seltene Erden". Zu den Seltenen Erden gehören die chemischen Elemente der 3. Gruppe des Periodensystems der Elemente. Es sind die folgenden Metalle, deren Namen außergewöhnlich, exotisch und geheimnisvoll klingen: Scandium (Ordnungszahl 21), Yttrium (39), Lanthan (57), sowie die 14 auf das Lanthan folgenden Elemente, die Lanthanoide: Cer (58), Praseodym (59), Neodym (60), Promethium (61), Samarium (62), Europium (63), Gadolinium (64), Terbium (65), Dysprosium (66), Holmium (67), Erbium (68), Thulium (69), Ytterbium (70) und Lutetium (71). Die größte industrielle Bedeutung haben Neodym, Yttrium, Lanthan, Cer, Praseodym, Samarium, Europium, und Gadolinium. Erbium wird übrigens auch zur Lichtverstärkung eingesetzt.

In einem herkömmlichen Handy von etwa 90 g Gewicht (ohne Akku) sind ca. 250 mg Silber, 24 mg Gold und 9 mg Palladium enthalten. Für Smartphones geht man von höheren Werten aus: Schätzungen zufolge enthält ein Smartphone mit einem Gewicht von 110 g ca. 305 mg Silber, 30 mg Gold und 11 mg Palladium [11]. Am Beispiel von Palladium muss man aber wissen, dass mit 100 Palladium-Atomen pro eine Million Nicht-Palladium-Atome (englisch: particle per million, ppm) der Palladiumgehalt in Mobiltelefonen bzw. Smartphones mindestens 10 mal so hoch ist wie in den natürlichen Erzen, durch deren Abbau diese Metalle gewonnen werden.

Die entsprechende Rohstoffgewinnung und Weiterverarbeitung ist zum Teil extrem aufwendig. Man spricht von einem *ökologischen Rucksack* [13]. Er beschreibt den Naturverbrauch eines Produkts bei der Rohstoffgewinnung, der Wei-

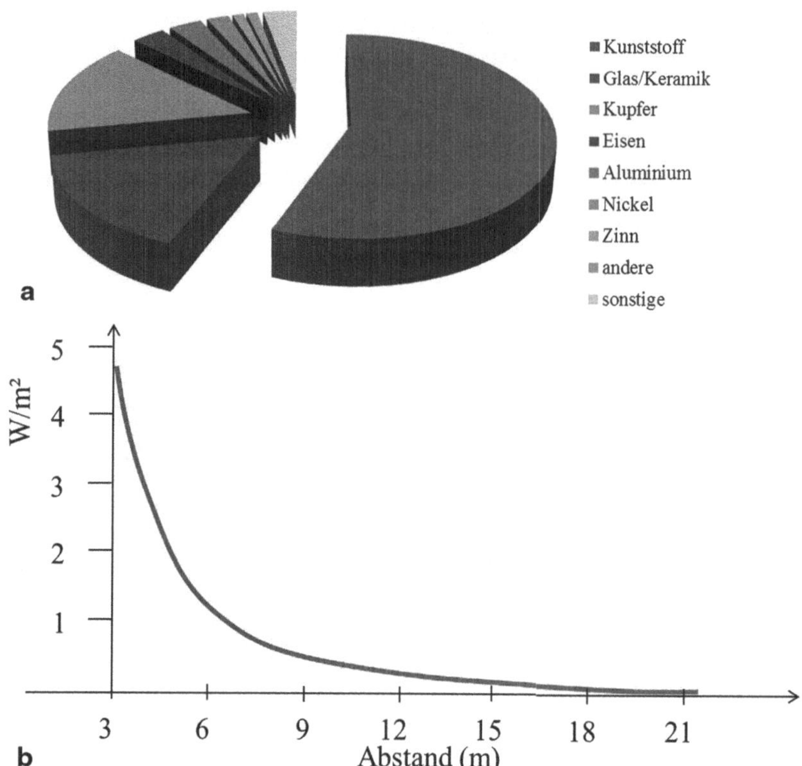

Abb. 4.16 Bestandteile von Handys (**a**) und Ausbreitung von Wellen (**b**)

terverarbeitung bis zum funktionstüchtigen Gegenstand, bei dessen Gebrauch und bei seiner Entsorgung. Ein etwa 80 g schweres Handy hat einen „ökologischen Rucksack" von 75,3 kg, davon entfallen auf die Rohstoffgewinnung 35,3 kg, auf die Produktion 8,2 kg, auf die Nutzung 31,7 kg und auf die Entsorgung 0,1 kg. Der ökologische Rucksack unterstreicht noch einmal die Notwendigkeit eines Recycling.

Das Recycling erfordert das Trennen dieses Materialgemisches. In einer Tonne „Mobiltelefon" (das sind etwa 15000 Handys) sind immerhin etwa 4 g Platin, 300 g Gold, 3500 g Silber, 120 kg Kupfer und 100 g des sehr seltenen Palladiums enthalten. Deshalb gilt das Recycling verbrauchter Handys und Smartphones (aber auch aller anderer elektronischer Geräte) als wichtige Rohstoffquelle, zumal 80 % der verwendeten Rohstoffe eines Mobiltelefons wiederverwendet werden könnten!

Dazu wären allerdings eine spezialisierte Industrie und die komplette Rücknahme verbrauchter Mobiltelefone nötig. Für ein solches Recyclingsystem plädierte 2012 der Sachverständigenrat für Umweltfragen im Sinne der Einführung eines Pfandsystems für Mobiltelefone (zwischen 30 und 100 €). Es sollte für die Ökonomen also darum gehen, ein neues Modell für die Weltwirtschaft finden. Die jetzt noch vorhandenen Überlegungen für eine „ewige" rohstoffintensive Steigerung stoßen an ihre Grenzen – besser wäre ein Ansatz, bei dem der „Reichtum" einer Nation von der Fähigkeit des Wiederverwendens der eingesetzten Rohstoffe bestimmt ist.

Wie gefährlich bzw. wie schädlich ist eigentlich ein Mobilfunknetz? Diese Frage wurde und wird sehr kontrovers diskutiert. Der menschliche Körper ist eine geniale Zusammensetzung von Atomen und Molekülen in der Haut, im Gewebe, in den Knochen, in den Nervenzellen (Neuronen), in den Genen usw. Aus der Physik ist bekannt, dass die Verbindung zweier oder mehrerer Atome oder Moleküle schwingen kann wie ein Gewicht an einer Feder. Diese sogenannten *Eigenschwingungen* haben eine ganz bestimmte Schwingungsfrequenz. Hat eine elektromagnetische Welle die gleiche Frequenz wie die Eigenschwingung, so spricht man von resonanten Schwingungen. Resonante Anregung durch elektromagnetische Wellen kann zu Schäden oder zur Zerstörung des atomaren Gebildes führen – das ist eine Form der sogenannten *biologischen Wirkung* elektromagnetischer Strahlung. Je mehr Atome an einem Gebilde beteiligt sind, desto geringer ist allerdings die Auswirkung einer resonanten Anregung. Bisher hat man noch keine resonanten Schwingungen finden können, so dass dieser Prozess für den Mobilfunk *aus jetziger Sicht* keine Gefahr darstellt.

Um zu garantieren, dass Handys, Smartphones, Tablet-Computer usw. jederzeit ohne gesundheitliche Gefährdungen genutzt werden können, hat der Gesetzgeber verbindliche Grenzwerte für den Schutz der Gesundheit festgelegt. Die Einhaltung der Grenzwerte garantiert, dass von den elektromagnetischen Feldern des Mobilfunks keine gesundheitlichen Risiken für die Bevölkerung ausgehen. Konkret bedeutet dies: Man kalkuliert einen Sicherheitsabstand von einer Antenne. Außerhalb dieses Sicherheitsabstandes ist sichergestellt, dass die Stärke der elektromagnetischen Felder immer unterhalb des Grenzwertes bleibt, weshalb für Personen selbst ein dauerhafter Aufenthalt in diesem Bereich unbedenklich sein sollte.

Die in Deutschland gültigen Grenzwerte sind aus wissenschaftlichen Betrachtungen abgeleitet und wurden auf der Grundlage der sogenannten *biologischen Wirkungsschwelle* ermittelt. Diese Schwelle bezeichnet die Grenze, unterhalb derer keine biologischen Wirkungen auftreten. Daraus wurde eine *Wirkungsschwelle* bestimmt. Die Grenzwertempfehlungen für die Wirkungsschwelle (auch *Basisgrenzwerte* genannt) orientieren sich an wissenschaftlich nachgewiesenen Wirkungen, z. B. Wärmewirkung (*thermische* Wirkung). Forschungsergebnisse zu allen anderen möglichen Effekten, die nicht durch eine Erwärmung des Gewebes ausgelöst werden – die sogenannten *athermischen* Wirkungen – werden nur pauschal berücksichtigt durch eine wesentlich Reduzierung der Grenzwerte. Man geht dann davon aus, dass wir auch gegen die athermischen Wirkungen mit den Grenzwerten geschützt wären(?).

Der Wärmeeffekt resultiert aus der in einem Kilogramm Körpergewicht pro Zeiteinheit absorbierten Energie und wird in Wattsekunden pro Sekunde und pro Kilogramm Körpergewicht angegeben (Maßeinheit $W_S / (S \times kg) = W / kg$). Das ist die sogenannte spezifische Absorptionsrate (englisch: specific absorption rate, SAR) mit der Maßeinheit Watt pro Kilogramm Körpergewicht. Dieser Wert bezeichnet also die in Körperwärme umgewandelte elektromagnetische Leistung.

Beim Mobilfunk wird zwischen Teilkörper- und Ganzkörper-Absorptionsraten unterschieden. Da die elektromagnetischen Felder einer Basisstation auf den gesamten Körper einwirken, gelten hier die *Ganzkörpergrenzwerte*. Dagegen wirken die Felder beim Telefonieren mit dem Handy vor allem auf den Kopfbereich, weshalb hier die *Teilkörpergrenzwerte* einzuhalten sind. Dieser Grenzwert muss auch die Aufbewahrung des eingeschalteten Handys in der Brust- oder den Hosentaschen berücksichtigen. Allerdings wird das „Handy in der Hosentasche" oder die „SMS unter der Schulbank versenden" heute zunehmend kritisch beleuchtet. Die Umwelt- und Verbraucherorganisation zum Schutz vor elektromagnetischer Strahlung warnt zum Beispiel, das „Handy in der Hosentasche" könnte zu DNA–Schädigungen bzw. zu einer Schädigung der Spermien oder gar zu Unfruchtbarkeit führen [12].

Als Wirkungsschwelle für den ganzen Körper wurde durch internationale Kommissionen ein Grenzwert von 4 Watt pro Kilogramm Körpergewicht festgelegt. Diesem Wert der absorbierten Energie entspricht ein Anstieg der Körpertemperatur von etwa 1 °C bei dreißigminütiger Einwirkung [13]. Unterhalb dieser Schwelle treten nach dem Urteil der Experten keine gesundheitlichen Beeinträchtigungen auf. In Deutschland wurden die von der Kommission empfohlenen Basisgrenzwerte noch um das 50-fache unterhalb dieser Wirkungsschwelle gesenkt und sind gesetzlich verankert, der Ganzkörpergrenzwert liegt also bei SAR = 0,08 W/kg. Dieser Wert stellt sicher, dass die mögliche Temperaturerhöhung des ganzen Körpers in der Nähe von Mobilfunkbasisstationen unter 0,02 °C liegt. So entspricht der Anstieg der Körpertemperatur, der bei diesen Grenzwerten maximal möglich ist, ungefähr der körpereigenen Erwärmung bei normalem Gehen. Nach Angaben der internationalen Kommission ist dadurch der Schutz auch für empfindliche Menschen wie Kranke, Schwangere, Kinder und Senioren jederzeit garantiert.

Der Teilkörpergrenzwert beträgt 2 Watt/kg und ist über 10 g Körpergewebe gemittelt. Er garantiert, dass die örtliche Temperaturerhöhung, die beim Gebrauch eines Handys in Teilen des Körpers (z. B. im Kopf) entsteht, geringer ist als 0,1 °C.

Laut Kommission berücksichtigt der Teilkörpergrenzwert zudem den theoretischen Maximalfall: Das bedeutet, ein Nutzer sollte an sieben Tagen pro Woche jeweils 24 h mobil telefonieren können, ohne gesundheitlichen Risiken ausgesetzt zu sein.

Die Messung der Basisgrenzwerte ist in der Praxis sehr aufwendig. Deshalb hat man abgeleitete Grenzwerte, sogenannte *Referenzgrenzwerte*, für das elektrische und das magnetische Feld außerhalb des Körpers im freien Raum entwickelt. Sie lassen sich einfacher messen als die Basisgrenzwerte. Die Referenzgrenzwerte stellen sicher, dass die biologisch wichtigen SAR-Basisgrenzwerte *innerhalb des Körpers* in jedem Fall deutlich unterschritten werden.

Die Referenzgrenzwerte werden in den Mobilfunk-Frequenzbereichen als elektrische Feldstärke in Volt pro Meter (V/m) oder als Leistungsflussdichte in Watt pro Quadratmeter (W/m^2) angegeben. Elektrische Feldstärke und Leistungsflussdichte können ineinander umgerechnet werden: 1 V/m $\triangleq$ 2,65 mW/m^2. Während der SAR-Basisgrenzwert im gesamten Hochfrequenzbereich gleich ist (0,08 W/kg), sind die abgeleiteten Grenzwerte frequenzabhängig, da sich die Absorptionseigenschaften des Körpers mit der Frequenz ändern. Deshalb ergeben sich unterschiedliche Grenzwertangaben für verschiedene Frequenzbereiche, die im Mobilfunk genutzt werden. Sie betragen in Deutschland für die Feldstärke 38 V/m (entspricht einer Leistungsflussdichte von 3,9 W/m^2) bei 800 Megahertz (MHz)-Sendern (LTE 800), 41 V/m ($\triangleq$ 4,6 W/m^2) bei 900 MHz (GSM 900), 58 V/m ($\triangleq$ 9,0 W/m^2) bei 1800 MHz (GSM 1800, LTE 1800) und 61 V/m ($\triangleq$ 10,0 W/m^2) ab 2000 MHz (UMTS, LTE 2600). In Klammer sind jeweils die umgerechneten Leistungsflussdichten angegeben. Diese Einhaltung dieser Referenzwerte wird in Deutschland *vor* Inbetriebnahme einer Basisstation gemessen und entsprechend zertifiziert.

In der praktischen Diskussion spielt der Abstand zur Antenne einer Basisstation eine große Rolle. Die Physik lehrt, dass sich die Leistungsflussdichte entsprechend dem Abstandsgesetz quadratisch mit der Entfernung verringert. Als Ausgangswert ist die Leistungsflussdichte in 3 m Entfernung vom Antennenmast zu nehmen (z. B. für GSM 900 sind das 4,6 W/m^2, siehe Abb. 4.16b). Schon in 20 m Entfernung sind es dann nur noch 0,48 W/m^2; nach 100 m – 0,019 W/m^2; nach 1000 m – $1{,}9{\cdot}10^{-4}$ W/m^2 und nach 5000 m – $7{,}6{\cdot}10^{-6}$ W/m^2. Das heißt, schon bei einer relativ geringen Entfernung vom Antennenmast sinkt die Leistungsflussdichte rapide! Diese Zahlen gelten für einen Aufenthalt direkt im Kegel der Abstrahlung (entsprechend Abb. 4.14a). Befindet man sich unter dem Mast oder seitlich davon, so verringert sich die Leistungsflussdichte zusätzlich.

Ungeachtet aller Darlegungen und Abschätzungen werden weitere Forschungen zu gesundheitlichen Aspekten wie auch zu Veränderungen bei der Herstellung sowie zum Recycling notwendig sein.

Literatur

1 Wikipedia. (2015). http://de.wikipedia.org/wiki/Blu-ray_Disc.
2 Hilbert, M., & López, P. (2011). The world's technological capacity to store, communicate, and compute information. *Science, 332*(6025), 60–65.
3 Ohm, J.-R., & Lüke, H. D. (2010). *Signalübertragung*. Berlin: Springer-Verlag.
4 Brückner, V. (2011). *Elemente optischer Netze*. Wiesbaden: Springer Fachmedien Wiesbaden GmbH.
5 ITU-T. z. B. Empfehlungen G671, G694.1 and G694.2 ITU-T Recommendations and selected Handbooks - DVD-ROM (2015)
6 ITU-Presseinformation. (2013). http://www.itu.int/net/pressoffice/press_releases/2013/05.aspx#.VKvMXSuG8wq.
7 Weltbank. (2015). http://data.worldbank.org/indicator/IT.CEL.SETS.P2.
8 BITKOM. (2013). Presseinformation. Berlin (26. August 2013)
9 Bundesnetzagentur Jahresbericht 2013. als PDF-Datei: http://www.bundesnetzagentur.de/SharedDocs /Downloads/DE/Allgemeines/Bundesnetzagentur/Publikationen/Berichte/2014/140506Jahresbericht2013Barrierefrei.pdf?__blob=publicationFile&v=4.
10 Bundesnetzagentur. (2013). http://emf3.bundesnetzagentur.de/statistik_funk.html.
11 Landesamt Natur, Umwelt und Verbraucherschutz NRW. (2012). http://www.izmf.de/de/content/rohstoffe-im-handy-%E2%80%93-die-inneren-werte-z%C3%A4hlen.
12 http://www.der-mast-muss-weg.de/pdf/studien_aktuell/DF_Studienueberblick_2010_11_01__Kopie.pdf (2010)
13 Informationszentrum Mobilfunk. (März 2015). http://www.izmf.de

© Springer Fachmedien Wiesbaden 2015
V. Brückner, *Das globale Netz*, essentials, DOI 10.1007/978-3-658-09595-6

Sachverzeichnis

© Springer Fachmedien Wiesbaden 2015
V. Brückner, *Das globale Netz*, essentials, DOI 10.1007/978-3-658-09595-6